Le temps de l'Homme

Du même auteur

La Bataille de l'euthanasie : enquête sur les 7 affaires qui ont bouleversé la France, Salvator, 2012.
Animaux dans l'Évangile, illustré par Didier Tiphaine, Ecclésia/SPFC, 2010.
Le Bonheur blessé, CLD, 2005.

http://www.tugdualderville.fr
@TDerville
https://www.facebook.com/tugdual.derville.officiel
www.letempsdelhomme.com

Tugdual Derville

Le temps de l'Homme

Pour une révolution de l'écologie humaine

PLON

www.plon.fr

12, avenue d'Italie
75013 Paris
Tél. : 01 44 16 09 00
Fax : 01 44 16 09 01
www.plon.fr

ISBN : 978-2-259-24946-1

À Pierre et Charles.

«Être homme, c'est précisément être responsable. C'est connaître la honte en face d'une misère qui ne semblait pas dépendre de soi. C'est être fier d'une victoire que les camarades ont remportée. C'est sentir, en posant sa pierre, que l'on contribue à bâtir le monde.»

Antoine de Saint-Exupéry,
Terre des hommes, février 1939

Introduction

Silencieuse, la révolution de l'écologie humaine a commencé. Elle doit réussir. Son enjeu a beau être ignoré du plus grand nombre, y compris de la plupart des décideurs politiques, il est abyssal. Le défi est lancé au millénaire : saurons-nous préserver l'avenir de l'humanité en protégeant son intégrité, gravement menacée ?

Le défi du millénaire

Tant que l'homme ne prétendait pas prendre la main sur son identité, les soubresauts de son histoire – même les plus meurtriers – ne changeaient radicalement ni sa nature ni son destin. Il en est désormais autrement.

La course aux ogives nucléaires qui a marqué la guerre froide nous a fait prendre conscience que l'humanité pouvait provoquer son propre anéantissement. Le cauchemar d'une planète dévastée par des milliers d'Hiroshima nous hante encore. Cette menace n'est pas écartée avec la prolifération sauvage de bombes H surpuissantes et «miniaturisées» – rançon du progrès scientifique. Nous ne sommes décidément pas une espèce comme les autres.

Dès le début du XXe siècle, la révolution industrielle avait déjà tiré un coup de semonce : l'affrontement fratricide lançant la Première Guerre mondiale fut si meurtrier qu'il fit perdre à la vieille Europe sa suprématie, ses illusions et peut-être sa foi en elle-même. La puissance de ses aciéries avait produit à la chaîne les pièces d'artillerie et les obus performants de la guerre totale. C'en fut fini du mythe de l'industrie comme «puissance bienfaisante et invisible qui travaille pour l'humanité[1] ».

Qui peut encore nier que la capacité d'autodestruction de l'humanité augmente en même temps que sa puissance de construction ? L'accélération des progrès scientifiques et technologiques a fait émerger la conscience d'une responsabilité nouvelle.

Nous avons désormais entre nos mains des clés performantes, surpuissantes, brûlantes. À manier avec précaution. Le défi est poignant, mais c'est aussi une chance à saisir. De toutes les façons, nous n'avons plus le choix : la révolution biotechnologique place l'humanité au pied du mur. Pour se préserver de la dénaturation, l'homme doit maintenant se définir. Il lui faut comprendre son identité pour y consentir et s'humaniser davantage. Cela suppose de résister aux nouvelles sirènes scientistes.

---

1. Expression d'un livre pour enfants du début du XXe siècle citée par Pierre-Yves Gomez, *Le Travail invisible : enquête sur une disparition*, François Bourin éditeur, 2013.

Car leur chanson, devenue tonitruante, annonce une « redéfinition » de l'homme.

Nous ne contesterons ni la science, ni la technique, ni la médecine qui sauvent tant de vies. Mais peut-on laisser les richissimes multinationales du Web devenir plus puissantes que les États eux-mêmes dans leur prétention à remodeler l'homme, jusqu'à imaginer le rendre immortel ? Comment préserver l'humanité d'une dissolution dans l'absolutisme technologique ? Alors qu'il nous faut inventer une relation adulte avec la technique, nos prodigieux scientistes ânonnent une philosophie infantile.

Depuis 1945, nous avons connu la peur d'une vaporisation instantanée, par l'embrasement nucléaire, avant de déceler une catastrophe en cours, celle de l'empoisonnement, par la pollution industrielle, de la biosphère indispensable à notre survie... Une partie des décideurs tente aujourd'hui de regarder en face ce défi environnemental qui exige du politique une hauteur de vue qu'on lui trouve trop rarement. Mais voilà que le poison est sur le point d'être directement inoculé à l'humanité par un fol usage de la biotechnologie.

Désormais, c'est pour ainsi dire dans l'œuf que l'homme est menacé par ce nouveau danger. Il est aussi imminent, mais déjà plus grave que celui que lui font courir la pollution atmosphérique et le réchauffement du climat. La science a posé son doigt sur le mystère de la vie.

L'origine de l'homme et ses gènes sont sources de convoitises irrépressibles et de fantasmes prométhéens. Des apprentis sorciers sont prêts à tout pour nous affranchir de l'évolution. Ils veulent perfectionner le génome de l'*Homo sapiens*. Ils entendent réussir cette fusion entre la chair et la machine qui ferait de l'homme un dieu. Ne nous le cachons pas, l'orgueil et le profit font partie de leurs mobiles. Beaucoup sont prêts à monnayer à prix d'or les «progrès» qu'ils nous font miroiter.

Avec eux, l'humanité ne risque plus seulement, en défigurant la planète, de scier la branche sur laquelle elle est assise, la voilà en passe de profaner le précieux sanctuaire de son identité. Partie de la nature, fragile et splendide créature greffée sur l'arbre foisonnant de la biodiversité, l'homme dirige sa cognée sur son propre tronc. Il est prêt à s'autoabattre. À se coucher en grand silence devant la surpuissante idole du cyborg dominateur, cet «organisme cybernétique» qu'il entend fabriquer.

Le bras de fer anthropologique est engagé. L'homme est à sauver de lui-même.

La France entre bâtisseurs et déconstructeurs

Le fantasme d'un homme dépassant l'homme se développe surtout dans les pays anglo-saxons ancrés dans l'utilitarisme et dans certains pays d'Asie où l'individu s'efface devant la communauté. Quand le plus puissant est le plus offrant, les pauvres sont sans défense. Le ventre des femmes et les embryons conçus *in vitro* sont ravalés respectivement au rang de produits de location ou de vente. La marchandisation du corps humain se déploie alors en juteux marchés libéralisés. *Idem* pour la recherche incluant des manipulations génétiques.

Tandis que les États laissent faire, les multinationales les plus riches du monde s'emparent des desseins scientistes les plus fous. Sous leurs masques de bienfaiteurs, des multimilliardaires du Web semblent prêts à fracturer l'humanité au profit de l'homme augmenté. Ils promettent à quelques-uns de devenir tout-puissants. La foule des pauvres resterait à quai, comme une classe de sous-hommes.

Par quel miracle la France, cernée par des voisins ayant pour la plupart fait allégeance à cette idéologie, résiste-t-elle encore et toujours à son envahissement? Du moins partiellement. C'est l'exception bioéthique française.

Secouant ses dirigeants inertes, une minorité active du «peuple des droits de l'homme» a pris la tête de la résistance au scandaleux marché des enfants qui se développe dans de nombreux pays, riches ou pauvres. Issue de toutes les sensibilités de l'échiquier politique, la contestation de la gestation pour autrui est emblématique de l'originalité de la France, pays de la dignité. Le même ressort explique l'émergence du stupéfiant mouvement protestataire né de la loi Taubira; cette fois au nom des enfants, et d'une conception de l'homme ancrée dans l'altérité sexuelle.

Le mouvement social qui a surgi à la surprise générale n'est aucunement advenu par hasard. Si la France se retrouve en première ligne pour protéger le sanctuaire de l'identité de l'homme, c'est parce qu'elle a une longue tradition au service de la personne. C'est aussi parce que la créativité d'une multitude de personnes attachées aux repères essentiels de l'engendrement n'a jamais cessé de se déployer dans le terreau social. En s'attachant au réel, elles échappent à l'idéologie libertaire. Elles peuvent enfin récuser les décennies de domination culturelle des brillants « déconstructeurs » qui se sont acharnés à déraciner l'individu pour le « libérer » de sa terre, de sa famille et de toute son histoire.

À bien des égards, ce bras de fer anthropologique est une spécificité franco-française. Mais l'enjeu est planétaire.

Pour expliciter le temps de l'Homme, nous reviendrons dans une première partie aux sources de l'écologie humaine, en examinant successivement les trois piliers fondateurs qui marquent l'émergence progressive de chaque être humain : sa riche gestation maternelle d'abord, ensuite sa famille, écosystème de son développement, et enfin la séparation de l'humanité entre hommes et femmes. Chaque fois, nous décrypterons le travail de sape de l'idéologie multiforme de la déconstruction qui contribue à liquéfier la société.

Nous aborderons dans la deuxième partie la situation singulière de la France, puisqu'elle joue un rôle clé dans la révolution de l'écologie humaine. Nous reviendrons d'abord sur la force du mouvement social de 2013, dont le retentissement fut planétaire ; nous proposerons ensuite de discerner dans les ressorts de la France ce qui explique cette ardeur et cette résilience, près d'un demi-siècle après la révolution libertaire qui continue son œuvre ; nous montrerons enfin comment se tisse discrètement mais pas dans la clandestinité, au plus profond de la société française, un mouvement de fond au service de l'homme, inspiré par une vision humaniste cohérente qui prépare l'avenir.

La troisième partie récapitule la confrontation anthropologique monumentale où se joue le destin de l'homme, à cause de ses fulgurants progrès biotechnologiques. Face au fantasme posthumaniste, déjà à l'œuvre au travers du glissement eugéniste, l'humanité doute. Peut-elle choisir la machine contre la chair ? L'homme peut-il prétendre se refaire sans se perdre ? La révolution de l'écologie humaine offre une alternative paisible qui assume la nature de l'homme, corps et âme, et sa quête de vérité. Fondée sur la bienveillance, elle dessine un programme « métapolitique » ouvert à tous.

Passer à l'écologie humaine est un service vital à rendre à l'humanité. En reconnaissant d'abord ensemble, à partir de l'expérience commune de notre origine, ce qui fait un homme.

PREMIÈRE PARTIE

POUR FAIRE UN HOMME : AUX SOURCES DE L'ÉCOLOGIE HUMAINE

1

Maternité universelle

Que nous soyons hommes ou femmes, nous avons tous séjourné longuement dans le corps d'une autre. Ce fait incontestable est désormais contesté. La maternité est menacée.

Respecter l'écologie humaine nécessite de prendre conscience de la spécificité de l'écosystème originel indispensable à la vie de l'être humain. Fragile milieu naturel à protéger. Il faut donc porter une attention particulière aux conditions environnementales qui permettent à chacun, un jour, de naître : la gestation est le premier temps de l'homme.

Certaines idéologies prônent ou pronostiquent l'indifférenciation sexuelle jusque dans la gestation : le retour au réel s'impose. Tous nés d'une femme ! Ce qui fut longtemps une évidence mérite aujourd'hui d'être reconnu puis défendu. Insistons donc, car il en va de l'avenir de l'humanité : depuis son origine, tout être humain, conçu d'un homme et d'une femme, émerge progressivement à l'intérieur du corps d'un autre être humain, qui est de sexe féminin. Toujours ? Toujours. N'en déplaise à ceux qui s'évertuent à nier la distinction biologique entre hommes et femmes, dont la génétique confirme pourtant qu'elle est inscrite dans chaque cellule du corps humain, dès la toute première.

Supercherie de l'accouchement masculin

Seules les femmes peuvent enfanter. Privilège ou punition ? C'est la question absurde que s'escriment à poser les déconstructeurs du genre. Ils n'en finissent pas d'alimenter le feu d'une prétendue jalousie entre hommes et femmes. Comme si toute complémentarité était une funeste insulte à l'autonomie individuelle qu'ils veulent sacraliser. L'homme surgit de la femme.

En cette matière, la prétendue exception confirme la règle : en accouchant, première mondiale, avec un état civil masculin, le 29 juin 2008, Thomas Beatie, militant américain transgenre, « né femme », n'a pas fait exception au genre. Au contraire, son utérus fonctionnel, qu'il avait conservé en « devenant homme », est venu contredire son état civil. Il a prouvé son statut féminin par sa maternité.

En matière de procréation, le corps ne sait pas mentir : ni la poussée artificielle d'une barbe dopée aux hormones masculines ni l'ablation volontaire des deux seins ne sauraient faire d'une parturiente un homme... En 2012, deux ans après avoir donné naissance à son troisième enfant, le même Thomas Beatie a choisi de poursuivre son parcours artificiel transgenre. La chirurgie génitale l'a amputé de sa capacité maternelle, lui construisant un organe ayant l'apparence du masculin, sans pour autant le rendre capable de procréer comme un père. La paternité lui reste interdite, comme à toute femme.

Il ne s'agit surtout pas de nier la souffrance psychique endurée par les personnes qui ne se sentent pas femmes dans leur corps de femme, ou hommes dans leur corps d'homme. L'authenticité de ces malaises ne doit pas être esquivée. Nous devons toutefois dénoncer l'instrumentalisation systématique des souffrances identitaires des « transgenres ».

Montrer au monde entier un père accouchant de son enfant, photo trompeuse à l'appui, c'est pain bénit pour les tenants d'une idéologie de l'indifférenciation. Ils s'emploient à généraliser le *gender trouble* (littéralement « trouble du genre ») cher à sa théoricienne Judith Butler[1]. En témoigne l'attitude de cet autre militant transgenre, homme selon l'état civil allemand, qui, lui aussi, a enfanté. C'était le 18 mars 2013, à Berlin[2], une première en Europe. En mettant son bébé au monde anonymement, à son domicile, « le » parturiente tentait de déjouer une obligation légale : se faire répertorier comme mère du nouveau-né. C'est en tant que père qu'il entendait accoucher. Les mots des hommes seraient-ils plus puissants

1. *Cf.* Judith Butler, *Trouble dans le genre*, La Découverte, 2005.

2. *Cf.* « Transgenre, il est le premier Européen à accoucher d'un garçon », *Direct Matin*, 10 septembre 2013, http://www.directmatin.fr/technologie/2013-09-10/transgenre-il-est-le-premier-europeen-accoucher-dun-garcon-549716

que la nature humaine ? Pourrait-on imposer à un enfant de sortir de son père ? La réponse à cette question ne relève pas seulement du dilemme entre deux libertés : celle de l'adulte doué de parole et celle de l'enfant sans voix. C'est un combat entre la réalité et l'idéologie. Nier la réalité de l'enfantement maternel, c'est le déni le plus radical d'une écologie humaine.

Ne soyons pas naïfs : la photographie d'une personne réellement enceinte à l'apparence masculine, de préférence barbue, relève de l'« agit-prop ». Elle vise à surprendre et à choquer pour déstabiliser avant d'habituer. Même s'il nous était interdit par la police de la pensée de dire qu'un homme n'accouche pas, rien ne nous interdirait de le penser en conscience. Rien ne peut nous empêcher de constater que c'est une femme qui accouche. Rien ne peut nous interdire de nous émerveiller de la complémentarité des sexes dans la procréation.

Maternité, rempart contre la neutralité

Si on les laisse faire, les déconstructeurs vont jusqu'au bout de leur folle logique, dans leur acharnement à « neutraliser » l'humanité. Car, pour eux, le genre est en lui-même le premier « stéréotype de genre », racine de tous les maux. Les autorités allemandes sont d'ailleurs intervenues pour protéger notre nouveau-né berlinois d'une deuxième manipulation : ils ont contraint sa mère, homme à l'état civil, à rendre public le sexe masculin de son enfant, qu'elle entendait cacher. Parce qu'elle prônait l'indifférenciation et voulait imposer la neutralité sexuelle à son fils, pour le laisser choisir plus tard. Les autorités ont expliqué vouloir suivre le développement de l'enfant en raison des «problèmes psychologiques» que le mode de procréation qui lui avait été imposé risquait de lui faire subir...

La déconstruction idéologique des concepts décrivant le seul écosystème capable de faire naître un être humain n'enlève rien à la réalité de cet écosystème. Ce qui est vrai des rôles distincts de la poule et du coq vis-à-vis de l'œuf, distinction que l'on prend en compte quand on protège dans la nature les espèces sauvages menacées, vaut tout autant pour l'homme. Et même plus.

L'humanité n'est pas neutre, et toutes les tentatives pour la neutraliser sont dangereuses[1]. Le lobby de l'entre-deux joue avec la biologie pour instiller le doute. En pointe des officines dédiées à cette mission figure, en France, l'Institut Émilie-du-Châtelet[2]. On retrouve dans la présentation de son ouvrage collectif, *Mon corps a-t-il un sexe ?*, subventionné par la mairie de Paris, les deux poncifs de l'idéologie du genre. D'abord la stigmatisation quasi incantatoire des «croyances liées au genre» parmi lesquelles figurerait la «bicatégorisation mâle-femelle

1. Le 22 mars 2016, la cour d'appel d'Orléans a rejeté une demande de rectification du sexe sur l'acte de naissance tendant à substituer la mention «sexe neutre» ou «intersexe» à celle de sexe masculin.

http://www.alliancevita.org/2016/04/la-cour-dappel-dorleans-rejette-une-demande-de-sexe-neutre-a-letat-civil

2. Créé en 2006, l'IEC travaille au «développement de la recherche et des enseignements sur les femmes, le sexe ou le genre, dans l'ensemble des disciplines scientifiques».

stricte» ; ensuite, l'exploitation des rares et douloureuses exceptions, censées annuler la règle : «Les témoignages de personnes intersexes et transgenres apportent sur la question de l'identité sexuée un éclairage complémentaire qui bouscule les "réponses" que donnent le plus souvent la médecine et le droit[1]. » Pourquoi bousculer les normes, casser les règles et démolir les murs porteurs de l'anthropologie ? Pour neutraliser la femme, on tente d'effacer la mère.

Mère nourricière, passeuse de vie

Il faut se rendre à l'évidence, car c'est un des fondements de notre écologie : dans l'engendrement humain, les fonctions masculines et féminines sont extraordinairement dissymétriques, donnant à la femme une importance particulière – au risque, d'ailleurs, de réduire l'homme au statut minimal de géniteur... Tout au plus peut-on souligner que c'est le gamète du père qui détermine le sexe de l'enfant, et non la mère, comme s'il fallait rééquilibrer la suprématie maternelle en livrant à l'homme la responsabilité de transmettre à son enfant l'élément identitaire premier de toute personne : son sexe.

Le spermatozoïde est une cellule minuscule (0,005 millimètre de diamètre pour sa partie principale) et très dense,

1. Évelyne Peyre et Joëlle Wiels (dir.), avec la collaboration de Mireille Ruppli et Josiane Gonthier, postface d'Éric Fassin, *Mon corps a-t-il un sexe ? Sur le genre, dialogues entre biologies et sciences sociales*, La Découverte, 2015.

dont le noyau occupe la majeure partie. Son ADN y est compacté d'une façon extrême. Au contraire, l'ovule est la plus grande cellule du corps féminin (environ 0,15 millimètre de diamètre). Son volume occupe trois cents fois celui d'un spermatozoïde. Cellules exceptionnelles, les ovules s'élaborent très tôt dans le corps d'une femme, dès les premières semaines de la vie fœtale ! Ces gamètes transmettent bien plus qu'une information. C'est toute la vie de la mère dont ils sont imprégnés. « Le gamète en effet n'est pas un simple matériau, une pure substance génétique, comme l'explique Xavier Lacroix. En amont du gamète, il y a quelqu'un[1]. » C'est, bien sûr, également vrai pour le spermatozoïde. Toute cellule sexuelle récapitule une histoire, celle des générations précédentes. Certains événements de leur passé, comme une famine ou une guerre, peuvent même avoir une influence sur la santé de celui qui en est conçu. Une étude suédoise[2] a peiné à comprendre l'impact « transgénérationnel » des comportements alimentaires des grands-parents sur la prévalence du diabète chez leurs petits-enfants. Elle a fini par émettre l'hypothèse que certains modes de vie peuvent imprimer des modifications sur les gamètes...

Héritier de sa généalogie, chaque enfant reçoit donc ses chromosomes, témoins mystérieux d'histoires singulières,

1. Xavier Lacroix. *Procréations artificielles, sexualité et filiation*, Laennec, 2008/4, tome 56, 2008, p. 32-44.

2. Hervé Morin, « Une étude suédoise questionne le darwinisme », *Le Monde*, 27 décembre 2002, http://www.lemonde.fr/archives/article/2002/12/27/une-etude-suedoise-questionne-le-darwinisme_303578_1819218.html

à égalité de ses deux parents. À l'exception de l'ADN mitochondrial[1], seulement présent dans l'ovule, qui est donc transmis uniquement par sa mère. Mais alors que l'apport paternel est essentiellement génétique, la mère, dès la fécondation, est aussi l'essentielle nourricière. La matière qui forge l'être humain vient presque exclusivement d'elle. Plus précisément transite par elle, depuis la fabrication dans les ovaires de l'ovocyte, cellule nutritive par excellence, jusqu'au développement du fœtus dans l'utérus, relié à sa mère par le placenta *via* le cordon ombilical. Chaque corps est ainsi façonné à partir d'un autre corps, maternel.

Le mystère maternel, au-delà de la technique

La maternité ? Ce qui nous paraissait si naturel mérite d'être décrypté dans sa complexité. Certes, il est désormais scientifiquement acquis qu'il y a une continuité physiologique et psychologique dans l'existence de l'être humain, de sa conception à sa mort, faisant de la naissance une « péripétie ». Ne sait-on pas provoquer ou retarder l'accouchement pour préserver la santé de la mère et de son enfant ? Certes, aux deux bouts de la gestation, la technique est de plus en plus capable de se substituer, non sans difficulté, au corps maternel : au

1. Il s'agit de l'ADN contenu dans les mitochondries, des petites centrales énergétiques présentes dans toutes les cellules du corps humain. Cet ADN représente 1 % de l'ADN total d'une cellule.

début, par la conception extracorporelle en laboratoire *via* la fécondation *in vitro*, puis la culture des embryons ainsi conçus pendant plusieurs jours ; à la fin, en cas de naissance prématurée, par des couveuses artificielles sophistiquées qui prennent le relais de plus en plus tôt, avec des pronostics de plus en plus favorables. La plus « jeune » prématurée ayant survécu est née en Allemagne le 7 novembre 2015, à 21 semaines et 5 jours, soit à peine plus de 5 mois de grossesse[1]. Mais c'est la vie aérienne, et non plus aquatique, qui s'impose brutalement aux minuscules nouveau-nés, avec d'énormes contraintes et de forts risques de mortalité ou de séquelles pour les plus petits.

La technique ne remplace pas la mère : les soins médicaux intensifs ne font que pallier l'immaturité des organes du grand prématuré brutalement « sevré » du bain maternel, où il n'avait pas achevé de se préparer à la vie aérienne. Pour l'enfant, cela n'est pas sans souffrances, angoisses, solitude parfois. Les médecins encouragent donc la présence maternelle réconfortante, enrichie quand cela est possible d'un réel contact physique de « peau à peau ». Voix, odeur, bruits du cœur maternels, précieux pour soutenir les prématurés, se révèlent autant de stimuli apaisants. Les soignants savent les limites des machines auxquelles l'enfant est relié.

La gestation, phase d'inclusion d'un corps vivant dans un autre corps vivant, est de plus en plus reconnue

1. *Cf.* « Record de la naissance la plus prématurée au monde égalé en Allemagne », *L'Obs*, 23 avril 2011, http://tempsreel.nouvelobs.com/monde/20110423.OBS1800/record-de-la-naissance-la-plus-prematuree-au-monde-egale-en-allemagne.html

comme extrêmement riche, complexe et déterminante pour la construction future de celui qui va naître. Cette expérience, nous n'avons pas fini d'en sonder le mystère. La « barrière de complexité » à laquelle se heurtent régulièrement les scientifiques qui s'imaginent toujours sur le point d'élucider le mystère de l'infiniment petit ou celui de l'infiniment grand se dresse tout autant quand il s'agit de déceler la secrète émergence d'un nouvel être humain.

Pour chacun, évoquer ses premiers moments de vie intra-utérine, à partir de sa cellule originelle démultipliée, et les interactions avec sa mère, c'est comme sonder le mystère de la nuit des temps. De ce temps, nous n'avons pas la mémoire consciente ; nous nagions pourtant dans le bain amniotique maternel, comme un poisson dans l'eau.

La mère hospitalière, terre d'asile

Que se passe-t-il de si extraordinaire entre la mère et son enfant dans la phase que les spécialistes nomment d'écologie « aquatique » qui précède celle de l'écologie « aérienne » inaugurée par la naissance ?

Normalement, l'organisme humain est armé pour expulser tout corps étranger. En tentant de s'installer, bardés des gènes paternels étrangers à sa mère, l'embryon, puis le fœtus, devrait subir le même sort que d'autres intrus : le rejet. Il n'en est rien. « La vie fœtale, pendant neuf mois, est une exception paradoxale à la règle du rejet de toute greffe hétérogène[1] », expliquent les psychiatres Michel Soulé et Marie-José Soubieux. La gestation constitue un « paradoxe immunologique ». Pour que la symbiose soit possible entre la mère et l'enfant, les défenses immunitaires de la femme sont partiellement désactivées. Si cette « immunotolérance » ne fonctionne pas, la grossesse est vite pathologique : les défenses de la mère agressent et intoxiquent son enfant, jusqu'à la mort... La situation normale, celle de l'accueil, est donc bel et bien « extraordinaire ».

Même en cas de refus psychique, voire d'un déni de grossesse qui peut intervenir jusqu'au terme, la matrice utérine sait se faire accueillante à la vie d'un autre, alors même que cette vie qui émerge retentit sur toute la physiologie de la femme et, d'une certaine façon, lui fait violence. Faut-il détailler à quel point le corps maternel sait se « priver » pour celui qu'elle porte, s'ajuster sans cesse à son développement, jusqu'à s'ouvrir, le moment venu, pour que naisse l'enfant ? Ultime « expulsion » du corps étranger devenu familier. Expérience vitale, spectaculaire, douloureuse et joyeuse – et encore dangereuse – marquée par le cri primal de celui qui découvre la respiration aérienne.

On sait par ailleurs que la grossesse s'accompagne d'une profonde « recomposition psychique » qui donne à la femme enceinte une sensibilité nouvelle, des émotions inédites, une perception plus vaste... La grossesse produit

1. Jean Bergeret, Michel Soulé, Bernard Golse et Marie-José Soubieux, *Anthropologie du fœtus*, Dunod, 2006.

ainsi chez elle des transformations étonnantes, sur tous les plans.

Tout être humain qui a eu la chance de voir le jour fut ainsi bénéficiaire d'une « hospitalité originelle ». Hospitalité physiologique concrète, enveloppante, nourricière... Cette hospitalité de corps à corps est celle de quelqu'un. Nous pouvons être capables d'y déceler les précieux fondements de l'anthropologie du don selon laquelle l'être humain est fait pour (se) donner. Cette anthropologie, corroborée par le constat biologique, encourage un parti pris en faveur d'un altruisme fécond grâce auquel notre conception de l'humanité, à tous les stades de la vie, peut se construire, de génération en génération, pour le bien de tous.

Corps à corps solidaire

Personne ne s'est fait tout seul. La vie est un don, gratuit. Et ce n'est pas un hasard si la mère est célébrée pour sa fécondité.

La science n'en finit pas de découvrir la richesse des interactions qui marquent la gestation. Dans certains cas, celle qui « donne la vie », si elle est malade, peut aussi recevoir assistance du fœtus qu'elle porte, ce dernier se révélant capable de désactiver, par son métabolisme, une grave pathologie maternelle... L'enfant peut ainsi « sauver sa mère » le temps de sa grossesse, pour qu'elle le sauve... Dans tous les cas, la symbiose biologique entre la mère et l'enfant est telle que la femme gardera dans sa chair, pendant des années, l'empreinte du séjour d'un autre être humain. Certains généticiens vont même jusqu'à parler d'«hybridation» mère-enfant! On a en effet découvert qu'au fil de la grossesse des cellules de l'enfant passent dans le corps de la mère, à travers le placenta. Ces cellules perdurent, parfois à vie ; c'est ce que l'on appelle le «microchimérisme fœtal[1]». Ainsi les femmes conservent en elles quelque chose des fœtus qui les ont habitées successivement, de même que tout nouveau-né garde également des traces épigénétiques de sa mère. Constatant à quel point ces «interactions mère-fœtus pendant la grossesse sont intenses, importantes, irremplaçables», la philosophe Sylviane Agacinski en tire un argument supplémentaire contre la gestation pour autrui : «Même si la mère porteuse n'est pas la mère génétique, elle est quand même la mère biologique, au regard des interactions biologiques de grossesse[2].»

Le constat des conséquences biologiques de la grossesse peut être transposé dans un autre domaine, celui de la richesse de l'inconscient issu de l'expérience anténatale. Cela nous conduit à méditer sur ce qui demeure mystérieusement en chacun du passage dans un autre corps, lui-même hébergé à son origine par un autre, et ainsi de suite jusqu'à l'origine de l'homme... Est-ce la symbolique exprimée par ces poupées gigognes qu'on n'en finit pas de découvrir habitées d'une plus petite ?

---

1. Lee Nelson, «Des cellules en partage : le microchimérisme», *Pour la science*, n° 388, février 2010.

2. Assemblée nationale, Assises pour l'abolition de la maternité de substitution, mardi 2 février 2016, http://abolition-gpa.org/charte/

Une infaillible chaîne féminine de transmission de la vie structure toute généalogie. Suite ininterrompue de cordons ombilicaux, mais aussi transmission fidèle d'un ADN mitochondrial, encore mal connu. Cet ADN se perpétue de mère en fille sans recombinaison, au point que le pédiatre Aldo Naouri va jusqu'à se demander si ce pourrait être un gène de la distinction marquée entre l'homme et la femme dans leur rapport au temps ! Car les deux genres fonctionnent, ose-t-il suggérer, comme « deux sous-espèces nettement différenciées d'une espèce commune[1] »... Outre le domaine de l'épigénétique, qui reste à explorer, nous devons considérer désormais cette part spéciale, celle qui se transmet uniquement par les femmes, indice de leur spécificité.

Faut-il prendre au mot les scientistes, adeptes du « tout génétique », pour souligner, sur ce point, l'exception féminine ? Nous n'en sommes plus à considérer nos gènes comme le fruit d'un mélange équilibré entre père et mère. La réalité est, comme toujours, plus complexe que l'idée dans laquelle la science d'un moment, toujours tâtonnante, a cru devoir l'enfermer.

Maternité éclatée : déni de la complexité

La pratique de la fécondation *in vitro* (FIV) « à trois parents » génétiques (deux mères et un père) a été autorisée pour la première fois le 24 février 2015 en Grande-

1. Aldo Naouri, *Les Pères et les Mères*, Odile Jacob, 2005.

Bretagne. Il s'agit de remplacer *in vitro* – c'est-à-dire hors du corps de la femme – l'ADN mitochondrial de la mère, dont un gène peut être défectueux et porteur d'une grave maladie transmissible, par celui d'une donneuse d'ovocyte considéré comme sain. L'ovocyte utilisé sera artificiellement hybridé : le noyau de l'ovocyte de la « demandeuse », siège des gènes principaux, sera inséré dans l'ovocyte énucléé de la « donneuse », siège de l'ADN mitochondrial. Cette dernière sera donc, partiellement, une seconde mère biologique pour l'enfant...

Une mère adjointe à la principale ? La mise en œuvre de cette transgression monumentale est une première entorse mondiale à un principe d'écologie humaine jusqu'ici absolu : tout être humain naît de deux parents, et de deux seulement. Cette expérimentation humaine se fonde par ailleurs sur le déni de la complexité des effets d'une telle transgression portant sur des gènes transmissibles. Elle fait courir des risques méconnus à l'enfant ainsi conçu, mais aussi aux générations à venir. Des conséquences héréditaires imprévisibles, en cascade.

Le système des mères porteuses, déjà mis en œuvre, puis celui de la matrice artificielle, désormais en perspective, sont fondés sur le déni de la richesse de la maternité biologique. La GPA impose à l'enfant une maternité artificiellement éclatée entre deux femmes au moins, et souvent trois : génitrice, gestatrice et éducatrice. Pour la légitimer, il faut relativiser voire nier l'expérience de la gestation. Il faut mentir. Si les commanditaires sont deux hommes, on escamotera toute réalité maternelle de l'histoire de l'enfant. Négationnisme anthropologique qui bafoue à la fois la dignité de la femme et les droits de l'enfant.

Comme souvent, pour prétendre imiter le réel, la technologie s'acharne à nier sa complexité, en effaçant le mystère de l'imprévisible, c'est-à-dire ce qu'il y a de plus précieux. Quand il s'agit de redessiner la vie, on la caricature. Manque singulier de prudence.

Mères porteuses insoumises

En dégradant la femme au statut de productrice d'enfants, comme si c'était une machine, la GPA préfigure les véritables machines à fabriquer des enfants. Ces «utérus artificiels», ceux qui voient dans la nécessité d'une porteuse humaine le dernier obstacle à leur toute-puissance les appellent de leurs vœux. Car la femme porteuse, même si elle a décidé, intellectuellement, de ne pas «investir» sa grossesse, est dotée d'un cœur de mère, toujours susceptible d'entrer en rébellion pour s'attacher profondément à celui qui prend corps en elle. Même un surcroît de gratification financière ne peut garantir sa soumission. Se passer d'une femme au profit d'un dispositif technique docile serait plus simple.

Si la porteuse peut sembler, pour les commanditaires, le maillon faible du dispositif, c'est à cause de son humanité. Quand ils attendent un produit fini de qualité, la gestatrice peut y faire obstacle, malgré la précision des dispositions qui lient les cocontractants. Les cas d'avortement exigés par les «futurs parents» sont les marques les plus significatives de la soumission exigée de la « porteuse » : « réduction embryonnaire », en cas de grossesses multiples, ou avortement « médical », en cas de suspicion de handicap. L'Américaine Melissa Cook s'est ainsi rebellée quand le commanditaire de sa grossesse, un homme de quarante-sept ans, a réclamé qu'elle avorte de l'un des triplés qu'elle attendait, conçus *in vitro* avec son sperme et des ovocytes d'une donneuse de vingt ans. Le père invoquait une clause du contrat. Mais la mère porteuse n'a pas voulu avorter d'un des fœtus : « Ce sont des êtres humains, je me suis attachée à ces enfants[1] », a déclaré la mère de famille. Melissa Cook récuse désormais le système des mères porteuses comme un « marché des bébés ». Nés le 22 février 2016, les bébés ont été arrachés à leur mère, comme prévu. Sa défense a argumenté en vain : « Le processus d'attachement, à la fois physiologique et psychologique, entre la mère enceinte et l'enfant qu'elle porte pendant les neuf mois de la grossesse est le même processus et la même expérience, que cette mère soit reliée génétiquement à l'enfant ou non. » L'avocat de la jeune femme a expliqué que, à peine nés, les enfants lui ont été retirés, le personnel hospitalier lui ayant interdit de les voir : « Nous avons une mère qui les aime, qui s'est battue pour eux, qui a défendu leurs vies, qui est prête à prendre soin d'eux. Vous ne pouvez pas dire à

1. Carl Campanile, « Dad Demands Abortion After Surrogate Learns She's Having Triplets », *New York Post*, 25 novembre 2015, http://nypost.com/2015/11/25/surrogate-carrying-triplets-says-dad-demanding-she-abort-one/

une mère qui vient de donner naissance à des enfants que, quoi qu'il arrive à ces enfants, ce ne sont pas ses affaires[1]. »

Si personne ne peut forcer une Américaine à subir un avortement sélectif, rien ne peut empêcher un commanditaire de se faire livrer les nouveau-nés, quitte à les séparer aussitôt en en offrant un ou plusieurs à l'adoption ! Les enfants sont à l'acheteur. L'imbroglio fait jaillir l'absurdité d'un éclatement de la maternité qui conduit des protagonistes à se retrouver devant la justice pour se disputer le sort d'enfants non encore nés. Marie-Anne Frison-Roche, agrégée en droit privé, impliquée dans le Collectif pour le respect de la personne (CoRP) qui demande l'abolition de la maternité de substitution, souligne que c'est la légalisation de la GPA qui induit sa judiciarisation : « Certains affirment que si le droit français acceptait d'abandonner le principe d'interdiction de la GPA, principe posé par l'article 16-7 du code civil, les procès s'arrêteraient. Quand on suit l'activité, on observe au contraire que les procès se multiplient, et qu'ils sont particulièrement sordides[2]. »

---

1. Eric Shawn, « California Triplets at Center of Thorny Surrogacy Case, Pro-Life Debate », Fox News, 24 février 2016, www.foxnews.com/health/2016/02/24/california-triplets-at-center-thorny-surrogacy-case-pro-life-debate.html

2. Marie-Anne Frison-Roche, « GPA : le temps des procès arrive », 5 mars 2016, http://mafr.fr/fr/article/gpa-le-temps-des-proces-arrive-le-commanditaire-co/

De la matrice maternelle à la machine

Passer des mères porteuses aux machines, pour éviter les mères porteuses, c'est donc bien la perspective qui affranchirait le mieux les commanditaires de la GPA des aléas qu'ils subissent.

Constat de bon sens : une machine sans cœur obéirait mieux qu'une femme maternelle. En pronostiquant en 2005 la réussite prochaine de l'« ectogénèse » (gestation extracorporelle) dans un « utérus artificiel », le professeur Henri Atlan annonçait plus qu'un progrès thérapeutique : ce serait pour lui la fin d'une « asymétrie immémoriale » : les femmes ne seraient plus condamnées à la grossesse pour engendrer. Lorsque les incubateurs, jusqu'ici réservés aux grands prématurés, seront en mesure de prendre en charge la totalité de la gestation, il estime qu'hommes et femmes seront enfin « égaux devant les contraintes qu'impose la reproduction de l'espèce[1] ». Mais comment le fœtus peut-il réagir à l'absence de relation intra-utérine avec sa mère ? Avouant qu'« on ne sait pas grand-chose de la vie intra-utérine », l'ancien membre du Comité consultatif national d'éthique table sur son adaptation, tout en manifestant sa perplexité sur « le devenir des enfants nés de cette façon ».

Jacques Attali, dans une tribune de janvier 2013 écrite en écho au mouvement social de réaction à la loi Taubira, s'inquiète à son tour de la maternité extracorporelle :

1. Henri Atlan, *L'Utérus artificiel*, Le Seuil, 2005.

« Le vrai danger viendra, si l'on n'y prend garde, du clonage et de la matrice artificielle, qui permettra de concevoir et de faire naître des enfants hors de toute matrice maternelle. Et il sera très difficile de l'empêcher[...][1]. » La résistance aux apprentis sorciers de la procréation qui envisagent la fin de la maternité est effectivement un défi majeur pour l'écologie humaine.

Étatiser la maternité ?

Se prépare-t-il un scénario envisagé par Aldous Huxley en 1932 ? Dans son *Meilleur des mondes*[2], la Cité est une mère unique, à la fois toute-puissante, infantilisante et terrorisante. La maternité naturelle est devenue un tabou absolu, qui relève de la saleté, de l'obscénité voire de la pornographie. « Les secrets répugnants et immoraux de l'enfantement » sont réservés au résidu méprisé d'un monde sauvage. La paternité, quant à elle, est réputée « scatologique ». Dans ce monde « civilisé », toute allusion à la maternité, à la famille ou au mariage provoque immédiatement la honte.

Étatiser et aseptiser la maternité, tout en éradiquant la paternité, est-ce l'issue fatale que prépare la médicalisation croissante du suivi des grossesses ? Rançon des

1. Jacques Attali, « Vers l'humanité unisexe », Slate, 29 janvier 2013, http://www.slate.fr/story/67709/humanite-unisexe-biologie-immortalite
2. Aldous Huxley, *Le Meilleur des mondes* (*Brave New World*), Chatto and Windus, 1932.

magnifiques progrès médicaux, la maternité échappe de plus en plus à la cellule familiale, après avoir concentré le «pouvoir» chez la femme seule. Seule la mère est en effet appelée à décider de l'avenir de l'enfant qu'elle porte, en relation avec les médecins, sans même devoir consulter le père. *Exit* le statut de protecteur du géniteur ! Au nom de la santé publique, la surveillance systématique des grossesses a même conduit à instaurer en France un eugénisme démocratique, à la fois collectif et inconscient. Réel danger pour les libertés : bien que chaque acte soit présenté comme relevant du choix individuel, c'est une culture du rejet de la différence qui s'impose aux couples et aux femmes. La relation protectrice mère-enfant est fragilisée.

Adepte de la toute-puissance de la volonté autonome et de la «maîtrise du vivant», le philosophe François Dagognet assume dès 1988 la nécessité d'un démantèlement de la maternité et de la paternité, assis sur la technologie : «On reste trop accroché à la procréation dite artisanale, lorsque la mère, ainsi que le père, assurent tous les rôles. Or il ne coûte pas qu'ils soient distingués : la technoscience les a démantelés et sait les "régler" séparément.» Pour notre déconstructeur, «le vouloir seul devrait compter, relayé par la procréatique qui le sert». Et de conclure : «La grossesse, en effet, tisse des liens difficiles à déchirer entre la mère et le fœtus : mais il n'en faut pas moins briser le concept de maternité[1].»

1. François Dagognet, *La Maîtrise du vivant*, Hachette, 1988.

Liberté, égalité, maternité

Il n'y a pas de fraternité sans maternité. Dans son humble réalisme, l'antique Livre de la Sagesse constatait sans fausse pudeur qu'aux deux bouts de la vie, gestation, naissance et mort avaient le mérite de mettre les êtres humains sur un pied d'égalité : «Je ne suis moi-même qu'un mortel comme tous les autres, un descendant de ce premier qui fut formé de la terre. Mon corps s'est élaboré dans le ventre de ma mère où, durant neuf mois, j'ai été pétri dans son sang, à partir de la semence virile et du plaisir partagé sur la couche. Une fois né, j'ai respiré le même air que les autres, je suis tombé sur la même terre, j'ai poussé le premier cri et j'ai pleuré comme eux ; on m'a enveloppé de langes et on a pris soin de moi. Aucun roi n'a commencé sa vie autrement : la vie n'a qu'une entrée, et la sortie en est la même pour tous.» Pour offrir un écho à pareil constat, il suffit de prendre l'article premier de la Déclaration des droits de l'homme et du citoyen de 1789 : «Les hommes naissent et demeurent libres et égaux en droits.» Quitte à remplacer «demeurent» par «meurent».

C'est le moment de mesurer à quel point notre égalité originelle devant la maternité conditionne l'exercice de nos droits fondamentaux en tant que personne humaine et notre liberté : la vie dépend plus que jamais d'un «oui» maternel.

Dans les pays «civilisés», toute femme enceinte se voit demander à sa première consultation médicale si cette grossesse est bien « désirée » : la femme est-elle décidée ou non à la poursuivre ? Nous devons de plus en plus notre existence à l'acquiescement explicite de notre mère. Le consentement psychoaffectif est exigé, comme complément au consentement physiologique déjà donné par le corps. Notons que les femmes sont sommées de décider, au moment même où joie et inquiétude se mêlent légitimement en ambivalence... Certains gynécologues ont sacralisé le « projet parental », qu'il serait plus juste, en ce cas, de renommer « projet maternel » puisque c'est la mère qui a le pouvoir légal. De là à prétendre, comme l'a fait le professeur Israël Nisand, que, à la différence des animaux, l'être humain a besoin, pour exister vraiment en tant qu'homme, non pas seulement de la fusion des deux gamètes parentaux, mais aussi « de la parole d'amour d'une femme[1] »... Ce serait diviniser la mère. Comme si le corps fœtal ne prenait véritablement valeur humaine que par la magie de son agrément ! Que dire alors des bébés qui surgissent au terme d'un complet déni de grossesse ? Faudrait-il légitimer l'infanticide néonatal, issue trop fréquente de tels drames ? La société persiste heureusement à affirmer que la gestation corporelle se traduit, quoi qu'en pense la mère, par la naissance d'un enfant pleinement respectable. Alors que la médecine sait que ces mères souffrent d'une douloureuse pathologie du déni, qui pourrait les exonérer de leur responsabilité, la justice réprime donc les passages à l'acte néonataux, que

1. *Cf.* « C dans l'air », avec Nathalie Bajos, Fiammetta Venner, Israël Nisand et Tugdual Derville, France 5, 13 février 2007.

l'opinion publique regarde avec horreur. Impossible de séparer le corps du nouveau-né de son humanité.

La maternité, source de l'humanité

Plutôt que de sacraliser la parole de la mère, comme si c'était une magicienne apte à conférer ou retirer la vie, préférons donc une vision moins dualiste comme celle qu'esquisse le grand philosophe juif Martin Buber quand il médite, dans son *Moïse*, sur le corps maternel comme source de «bénédiction». En historien de sa religion, il cherche à comprendre pourquoi, dans la Bible, la «mère de la tribu» est régulièrement victime d'enlèvement par l'ennemi : «Au fond de cette histoire il y a sans doute l'idée que le pouvoir particulier de bénédiction ou la substance de bénédiction [...] ne repose pas seulement sur la tête des pères, mais dans le ventre de la mère; les pères doivent transmettre la bénédiction spécialement aux fils avant leur mort, mais, pour les mères, l'élément de bénédiction qui vient d'elles se transfère d'une manière naturelle à leur progéniture[1].» Buber traduit un constat d'écologie : la relation entre une mère et son enfant étant naturellement intime, plus que toute autre relation, l'expérience qu'a une mère de son enfant est originellement intérieure, alors que la relation paternelle part de l'extérieur. Tissé dans le sein de sa mère, au secret, l'enfant se reçoit

1. Martin Buber, *Moïse*, Presses universitaires de France, 1957, p. 32.

d'elle. C'est une expérience charnelle, psychique et spirituelle fondatrice de toute vie.

Quand la société oscille entre la froideur cérébrale des idées et la brûlure artificielle de l'émotivité, si facile à manipuler, la maternité nous fait descendre dans une vérité plus sûre : celle des entrailles. C'est là où se vit la gestation corporelle que naissent les sentiments les plus incarnés, les plus altruistes, les plus spontanément généreux. La figure maternelle devient un modèle anthropologique universel, où les hommes autant que les femmes peuvent puiser la disposition qui « prend aux tripes » lorsque, confrontés à une situation de détresse, ils ne peuvent plus se sentir indifférents. Elle les porte à agir, concrètement, en se penchant de tout leur cœur sur la misère : c'est, littéralement, la miséricorde.

La figure emblématique de Moïse, qui récapitule la façon dont l'humanité voit le prodige de la maternité, mérite qu'on s'y arrête. Moïse est « sauvé des eaux », pas seulement de la rupture des eaux maternelles, mais aussi des eaux du Nil puis de la mer Rouge. Pour qu'il survive comme nourrisson, il faut cinq femmes, cinq femmes touchées aux entrailles par son humanité, cinq figures maternelles. Les deux sages-femmes du peuple hébreu épargnent ce nouveau-né de sexe mâle : elles enfreignent les ordres de Pharaon qui avait exigé un génocide sexosélectif. Le souverain leur avait ordonné de « regarder entre les pierres », dispositif où accouchent les femmes des Hébreux : « Si c'est un mâle, tuez-le ! » Elles désobéissent en écoutant la loi inscrite dans leur cœur : impossible de tuer un nouveau-né. Mais l'enfant, recueilli par sa mère, crie; il peut être découvert... La maman préfère s'en séparer pour qu'il survive, et le confie à la surveillance de sa fille aînée, le long du Nil, où le bébé dérive dans un panier d'osier. C'est la fille de Pharaon, la fille de l'ennemi donc, qui l'entend geindre. Découvrant le panier, elle est à son tour saisie de pitié. Elle veut adopter l'enfant, cherche une nourrice, tombe logiquement sur la grande sœur, qui observe la scène de derrière les roseaux. La sœur signale adroitement l'existence de sa mère... qui récupère son fils.

Cinq femmes donc, pour sauver celui qui agira, le moment venu, en sage-femme de son peuple. Une seule mère, mais cinq fibres maternelles, référence à la maternité universelle. Toute femme – même sans enfants – serait-elle mère, à sa façon? C'est en tout cas l'avis de Gertrud von Le Fort, poète et romancière du XXe siècle, qui voit chaque «femme comme passeuse de vie[1]», inscrite dans la chair et dans le temps, reliée à la chaîne des générations. Hommes et femmes, selon elle, se distinguent effectivement dans leur relation au temps : l'homme habiterait plus volontiers le présent que l'histoire, concentré sur une «mission» unique où il se dévoue, jusqu'à s'y consumer sans limites. Au risque, parfois, de se couper du réel ou d'autrui.

Toute femme mère? Le constat n'est pas démenti par Marie-Jo Bonnet, féministe historique, qui fut membre du Mouvement de libération des femmes (MLF) et cofondatrice des Gouines rouges. Interviewée le 3 février

1. Gertrud von Le Fort, *La Femme éternelle*, Via Romana, 2008, p. 11.

2016 dans le cadre de son engagement contre la gestation pour autrui, elle conteste la façon dont Simone de Beauvoir a dévalorisé la maternité. Pour la militante homosexuelle, « la maternité fait partie de l'identité de la femme, comme une potentialité, une capacité à donner la vie. Ce n'est pas parce qu'on a choisi de ne pas la donner que ça ne fait pas partie de nous. C'est un langage universel et symbolique. Le féminisme nous a permis de nous libérer de la maternité obligatoire, en dissociant la féminité de la maternité, qui reste tout de même une potentialité. Mais la fécondité féminine peut être aussi culturelle, spirituelle[1]. »

Il ne faudrait pas négliger à quel point les femmes – et pas seulement les sages-femmes – demeurent passeuses de savoir-faire maternel, de génération en génération... À rebours d'un féminisme d'affrontement qui croit devoir nier la puissance, chez la femme, de la valeur de l'accueil, du don et de la compassion, il serait temps de les assumer sans fausse pudeur ni injuste honte. C'est l'expérience presque générale des femmes et des hommes. Mais cette expérience est malheureusement méprisée par un courant de pensée qui considère que la mise en avant de la maternité, comme spécificité et valeur féminine, est injuste, injurieuse voire avilissante pour les femmes.

Singer l'homme, c'est faire fausse route. C'est se tromper de combat. C'est tromper les femmes.

---

1. Eugénie Bastié et Marie-Jo Bonnet, « La GPA, c'est la fin de la mère », *Le Figaro*, 3 février 2016, http://www.lefigaro.fr/actualite-france/2016/02/03/01016-20160203ARTFIG00068-la-gpa-c-est-la-fin-de-la-mere.php

L'utérus sanctuarisé

Comme la terre sera le monde ouvert que le fœtus attend, la mère est le monde clos de celui qu'elle attend. Référence protectrice contre la convoitise. Le corps maternel offre une unité de lieu, mais aussi de temps. C'est un sanctuaire scellé. Il unit la mère et son enfant dans une communauté de destin. Il faut voir le magnifique témoignage rapporté par le film *Human*[1] à propos d'un minuscule bébé né à terme dans un camp de concentration. Le nourrisson n'a jamais crié, jusqu'à sa libération du camp ! Sorti d'une mère captive, il se savait incarcéré avec elle.

Qu'on le veuille ou non, l'embryon conçu *in vitro*, hors du corps maternel, est immédiatement soumis à l'arbitraire : « Alors que l'échange sexuel de l'homme et de la femme permet au tiers enfant de se recevoir comme sujet immédiatement donné à lui-même dans un don réciproque, la présence de l'embryon au fond d'un tube de verre et – *a fortiori* – dans un appareil de cryoconservation défait cette symbolique[2] », souligne Xavier Dijon, professeur de droit, qui pointe le risque pour l'embryon d'être traité en objet que lui fait courir « sa délocalisation hors du corps de la mère ». La vie au sein d'une autre garantit

1. Extrait du film *Human* de Yann Arthus-Bertrand, septembre 2015. Interview de Francine Christophe, née en 1933, déportée avec sa mère au camp de concentration de Bergen-Belsen en 1944, et libérée l'année suivante. https://www.youtube.com/watch?v=ftugbci9ohg

2. Xavier Dijon, *La Réconciliation corporelle*, Lessius, 1998, p. 49.

la continuité de l'histoire dans l'unité d'un espace spatio-temporel.

Conçu hors de sa mère, l'embryon n'est plus protégé par la communauté humaine. En séjournant dehors, il risque d'être sélectionné, trié, disséqué. S'il est figé dans l'azote liquide, parfois pendant des années, l'embryon est *ipso facto* privé du temps, mis au ban de l'histoire, retranché de la communauté des hommes. S'il naît un jour, il aura connu une éclipse de vie. Mère et enfant ont été désolidarisés, comme deux maillons d'une chaîne cassée. La fracture va jusqu'à dénaturer sa généalogie[1]. La fratrie n'échappe pas à ces « ruptures » : des embryons conçus le même jour *in vitro*, que l'on peut qualifier de faux jumeaux, naissent parfois à des années d'écart, quand certains d'entre eux restent figés dans le temps et l'azote liquide avant d'être implantés[2]. L'embryon *in vitro* est surtout en grand danger d'être traité comme une « non-personne » : orphelin, apatride et finalement non-humain. Privé du bénéfice des droits de l'homme. Qui commencent par celui d'habiter dans sa mère. Droit au logement, droit au nid maternel, droit au premier chez-soi.

Quand il vit en communauté avec sa mère, le fœtus entre dans l'humanité par la porte du don maternel

1. *Cf.* Tugdual Derville, « La FIV est-elle incontestable ? », Institut européen de bioéthique, novembre 2010, http://www.ieb-eib.org/fr/pdf/dossier-ieb-fiv-incontestable-tugdual.pdf

2. *Cf.* Gabriel Petitpont, « Naissance de jumeaux à... cinq ans d'intervalle », *Le Figaro*, 6 janvier 2012, http://www.lefigaro.fr/actualite-france/2012/01/06/01016-20120106ARTFIG00488-naissance-de-jumeaux-a-cinq-ans-d-intervalle.php

continu. Il n'en finit pas de recevoir d'elle de quoi vivre. Pas seulement subsister. Ses expériences sensorielles et émotives – on le sait désormais – sont à la fois dépendantes de celles de sa mère et bien distinctes. Il hoquette, sourit, s'évanouit... Sa personnalité se forge.

La maternité est un service intégral, par essence gratuit, qui mobilise toutes les capacités de la mère. Dans toutes ses composantes physiologiques, psychologiques et spirituelles, l'écrin maternel a même quelque chose de sacrificiel. La figure de la « mère courage » est trop souvent dévalorisée. L'amour maternel est traité comme un stéréotype de genre. Des femmes vont pourtant jusqu'à donner leur vie pour l'enfant qu'elles portent. Nous avons l'exemple de la Française Caroline Aigle. Pilote de chasse, elle a choisi de préserver la vie de son enfant alors qu'elle était atteinte du cancer fulgurant qui allait l'emporter, en 2007, dix-huit jours après la naissance de son petit Gabriel, déclenchée prématurément : « Elle ne pouvait pas arrêter la vie d'un être qu'elle avait porté pendant cinq mois. Elle disait : il a droit à ses chances comme moi[1] », a expliqué son compagnon.

C'est tout simplement la figure de la mère qu'il faut oser magnifier. En espérant que les générations futures continueront de recevoir, au travers du temps patient de la gestation, les fondements de leur propre altruisme. Prendre soin gratuitement de l'habitant de leur corps,

1. Jean-Dominique Merchet, « Gabriel, le dernier combat de Caroline Aigle », *Libération*, blog Secret Défense, 5 septembre 2007, http://secretdefense.blogs.liberation.fr/2007/09/05/gabriel-la-dern

c'est plus qu'un instinct : c'est une ardente évidence, à la fois culturelle et naturelle, dont témoignent l'immense majorité des mères, toutes civilisations confondues. N'en déplaise aux déconstructeurs qui opposent la femme à la maternité.

La maternité appelle une culture de solidarité

Dans son analyse de leur complémentarité, Gertrud von Le Fort vante une certaine supériorité de la femme sur l'homme. Elle note que si « la mère est à l'image de l'infini terrestre » et « ne peut être comparée qu'au sein fécond de la terre », le masculin dans son instinct de domination reste bien limité : « Car pour tout ce qui concerne la vie dans son authenticité et son jaillissement originel, la puissance de l'homme, qui veut et agit, ne peut atteindre qu'à la surface des choses. » Et la romancière allemande de conclure : « Le monde a besoin de la femme maternelle, car il n'est toujours qu'un enfant pauvre et abandonné. »

Depuis des temps immémoriaux, il n'est pas naturel que la femme accouche seule. La grossesse, expérience fondatrice de l'anthropologie du don, se conclut par une expérience de la solidarité humaine vis-à-vis des plus fragiles : la femme sur le point d'accoucher et son bébé sont aidés dans cette phase délicate de séparation par d'autres personnes. Nous ne sommes donc pas seulement issus d'une lignée de femme, mais aussi, pour ainsi dire, d'une lignée de sages-femmes. C'est un des rares métiers dont la grammaire consacre la suprématie du genre féminin.

Nés nus, nous serons aussitôt habillés. Sans attendre, nous entrerons de plain-pied dans une culture spécifique, à laquelle la gestation nous aura préparés. Car la culture se révèle aussi intérieure à l'homme, aussi originelle que la nature. Culture et nature constituent les deux expériences fondatrices de tout être humain, réunies en une seule dans le sanctuaire maternel durant toute la gestation.

Il est de la nature de l'homme de s'inscrire dans sa culture maternelle, avant même de découvrir ce que nous nommons « environnement ». La découverte du monde des hommes par le fœtus passe par sa mère. C'est au travers de son ventre que nous avons perçu le jour pour la première fois, au septième mois de notre existence. La naissance à la lumière précède de deux mois notre première respiration ! C'est dans son ventre que nous avons écouté, au milieu des bruits intérieurs de son corps, la musique des voix maternelle et paternelle, si le père était présent. Ils ont même donné leur tonalité[1] à nos tout premiers babils...

1. *Cf.* Émilie Auvrouin, « Les bébés pleurent dans leur langue maternelle », *Pour la science*, 27 novembre 2009, http://www.pourlascience.fr/ewb_pages/a/actu-les-bebes-pleurent-dans-leur-langue-maternelle-23760.php

2

L'écosystème familial

Appelons famille l'écosystème dans lequel l'enfant naît et grandit. Quel est donc l'environnement le plus conforme à ses besoins ? Les multiples manipulations des concepts d'engendrement, de filiation et de famille imposent de remettre les choses dans l'ordre. Naturel.

La femme et son enfant d'abord

Cet écosystème comprend évidemment, en premier lieu, la mère avec l'enfant. Le rôle de la mère ne s'arrête pas à la naissance de son bébé, quoi qu'en pensent ceux qui estiment légitime d'emporter le plus vite possible le nourrisson qui vient d'être « livré » par sa « mère porteuse »...

Dans ses premiers temps, la mère et l'enfant ont besoin l'un de l'autre et perpétuent leur fusion originelle. La rupture que constitue la naissance n'efface aucunement la continuité de la vie et des relations entre deux corps désormais séparés. Faut-il souligner à quel point l'enfant demeure dépendant, et d'abord de celle qui l'a enfanté ?

Après une époque de délaissement, les vertus de l'allaitement maternel ont été redécouvertes : les bébés nourris au sein résistent mieux aux infections, digèrent mieux, souffrent moins fréquemment d'allergie. Le lait maternel s'adapte à l'âge du nourrisson, en quantité et en qualité, et sa composition évolue même au cours de la tétée pour réguler l'appétit du bébé. La nature est bien faite. Aucun lait industriel ne peut rivaliser. L'allaitement maternel favorise également l'éveil psychoaffectif du nourrisson... Et renforce le lien mère-enfant.

Le lait maternel est même le seul que les petits prématurés peuvent recevoir, parfois juste au compte-gouttes, au travers d'une sonde : ce lien intime, biologique et affectif, est si puissant qu'il a été baptisé le « cordon lacté ». Une chaîne de solidarité s'est créée autour de ce que l'on nomme le lactarium dans les hôpitaux. Du recueil jusqu'au don, en passant par les contrôles et la stérilisation, ce travail vise à sauver ces minuscules bébés, y compris ceux auxquels la mère ne peut donner son propre lait.

Brandir le sein féminin en guise de drapeau, comme le fait le mouvement français pour le Planning familial au travers de son logo, c'est exhiber un organe maternel par excellence, celui qui permet de poursuivre le service vital qu'assume la gestation.

Sauf problème de santé ou grave défaillance maternels, nous avons donc appris à ne pas séparer brutalement la femme de son bébé... Les hôpitaux ont créé des pôles mère-enfant, terminologie que la police de la pensée n'a pas encore menacée. Tout est fait pour maintenir le lien, même quand l'enfant doit rester en couveuse. Le bon sens populaire n'a pas de fausse pudeur à embrasser une femme et son enfant dans un même mot, « maternel », dont la durée de vie passe les ans : maternité, langue maternelle, école maternelle... Autant de termes attaqués par les théoriciens de l'indifférenciation, comme si, pour respecter les femmes, il fallait effacer tout ce qui rappelle leur rôle spécifique dans l'engendrement et dans le développement précoce de tout être humain. Ce ne serait pas seulement absurde : ce serait ingrat. Considérons simplement ce que chacune de nos vies doit aux soins maternels.

Le retour de l'abandon d'enfants

Que, dans de nombreux pays du monde, les désirs d'adultes en mal d'enfants soient si impérieux qu'ils en sont arrivés à légitimer les contrats prévoyant la rupture automatique entre la mère et l'enfant après une « gestation pour autrui » relève du flagrant déni d'écologie humaine. De quel droit déraciner doublement un enfant de son écosystème maternel et géographique originel ?

La comparaison de ce processus avec celui de l'adoption trop souvent avancée pour légitimer la GPA est abusive : l'adoption permet de donner à un enfant un père et une mère dont il a été privé, à cause d'une grave épreuve. C'est une réparation *a posteriori*. C'est humain.

Organiser par avance cette épreuve, en produisant l'enfant pour des commanditaires, c'est inhumain.

Le retour d'une culture de l'abandon des enfants sans défense constitue une régression comme il y en eut chaque fois que des adultes ont cru que leur puissance les autorisait à abuser de la faiblesse des enfants.

Nous avons déjà connu pareille régression. À l'époque de Vincent de Paul, fondateur en 1638 de l'hôpital des Enfants-Trouvés, des dizaines de milliers de gamins abandonnés vivaient dans les grandes villes d'Europe, livrés à eux-mêmes et à toutes sortes de trafics. En cause : la misère, mais aussi une soudaine dérive culturelle qui banalise cet abandon d'enfant. Il culminera au XVIIIe siècle. De nombreux nouveau-nés étaient donc « exposés », c'est-à-dire abandonnés vivants dès leur naissance. On estime que près de 1 500 enfants le furent ainsi à Paris pendant la seule année 1690. La majorité mouraient dans les premiers jours. Ceux qui les recueillaient n'étaient pas tous des bienfaiteurs. Ils pouvaient ensuite s'en débarrasser en les vendant pour « vingt sols la pièce ». Certains trafiquants les mutilaient pour en faire des attractions de foire... À cette époque, la condition des enfants ne faisait pas tellement scandale – c'est encore le cas dans de nombreux endroits du monde. Environ 3 millions d'enfants ont ainsi été abandonnés en France aux XVIIIe et XIXe siècles. Aujourd'hui, la découverte d'un seul nourrisson dans une poubelle – vivant ou mort – choque l'opinion. Elle est signalée dans les titres de l'information. Même s'il est aseptisé et ouvertement revendiqué, le nouveau processus de l'abandon que constitue la GPA ne devrait pas laisser indifférent, d'autant qu'il est systématiquement programmé, contrat à l'appui.

La protection maternelle – au sens des soins prodigués par toute femme à son enfant – est un devoir sacré dont la justice demande toujours des comptes aux mères. L'accouchement sous X s'inscrit dans cette logique en offrant à toute femme qui accouche la possibilité de confier son enfant, malgré le traumatisme de la séparation, pour que la société lui trouve ce qu'elle se sent incapable de donner : une famille.

Naissance et culture du soin

Le nouveau-né humain naît donc avec un besoin impératif de soins vitaux. Partout et depuis toujours. L'irruption de la culture dans chaque vie humaine se décline autour de l'expression « prendre soin ». Langé dès son premier cri, le petit d'homme, confronté à la souffrance dès sa naissance, est aussitôt enveloppé d'une culture de compassion. La nature de l'homme est de s'inscrire dans une culture, une culture universelle du soin, dans la culture particulière de la société où il naît.

En comparaison des autres mammifères, l'*Homo sapiens* naît « ridiculement faible », excessivement dépendant. Est-ce une tare de notre espèce ou, au contraire, la marque de l'importance vitale de la famille autour de chaque être humain ? De même que la physiologie de la gestation nous incite à la culture du don, la fragilité du nouveau-né nous incite à choisir la culture de la vulnérabilité. Le langage ne s'y trompe pas : faire preuve d'humanité, c'est prendre soin d'un être humain plus faible.

Soigner tout nouveau-né handicapé, plutôt que d'éliminer les faibles, voilà un comportement qui distingue l'homme de l'animal. Les tenants de la philosophie eugéniste s'en désolaient, dès le XIXe siècle, regrettant qu'en ce domaine la médecine en soit venue à contrecarrer les effets naturels de la sélection darwinienne. Auteur de *La Libération animale*, le philosophe Peter Singer est leur héritier. Inventeur et théoricien de l'antispécisme, il estime que l'homme n'a pas une dignité supérieure aux «autres animaux». Selon lui, «rien ne prouve que l'homme soit plus important qu'un papillon ou qu'une vache[1] ». Considérant que le respect dû à un être vivant tient à ses capacités plutôt qu'à sa nature, Peter Singer conteste qu'il soit préférable de protéger la vie d'un nouveau-né gravement déficient mentalement plutôt que celle d'un bébé chimpanzé né en bonne santé : «Si l'on compare un enfant sérieusement défectueux avec un animal non humain, un chien ou un porc par exemple, on trouve souvent que le non-humain a des capacités supérieures[2] », justifie Singer déjà, en 1983. Pour cet auteur, il est tout simplement injuste de «faire coïncider de façon exacte la limite du droit à la vie avec la frontière de notre

1. Peter Singer, *La Libération animale*, Payot, 1975.
2. *Idem*, «Sanctity of Life or Quality of Life?», *Pediatrics*, juillet 1983, p. 129, http://digitalcollections.library.cmu.edu/awweb/awarchive?type=file&item=594077

propre espèce». Singer s'inscrit dans une tradition utilitariste poussée à l'extrême.

L'humanité s'humanise en témoignant du caractère précieux de chaque vie humaine. Et, de ce point de vue, il faut saluer d'indéniables progrès dans les soins aux nourrissons, qui relèvent de l'écologie humaine.

Un père, une mère : repères plébiscités

Il est temps de faire entrer le père dans le cercle familial. N'est-il qu'un géniteur, éventuellement anonyme ? Naturellement, c'est à la mère de répondre. Elle doit désigner l'homme qu'elle sait ou pense être le père de l'enfant. Encore une dissymétrie dans les identités paternelle et maternelle : si la maternité se constate à la naissance, sans nécessiter de preuve, la paternité est réputée floue, incertaine voire aléatoire. De là à expulser le père de la cellule familiale, il n'y a qu'un pas... que les Français ne font pas.

Selon les études rendues publiques par l'Insee[1] en décembre 2015, 80 % des sondés pensent qu'« un enfant a besoin d'un père et d'une mère pour être heureux». Ce modèle de famille «père, mère, enfant», que l'on s'escrime à nommer «traditionnel», reste d'ailleurs une expérience très majoritaire dans l'Hexagone : 70 % des

1. Marie-Clémence Le Pape, Bertrand Lhommeau, Émilie Raynaud, «Les familles monoparentales en Europe : de nouvelles façons de faire famille pour de nouvelles normes ?», *Couples et familles*, Insee, décembre 2015.

petits Français vivent dans une cellule composée de deux adultes vivant sous le même toit avec un ou des enfants nés de leur union[1]. Est-il indélicat de considérer que la situation où l'enfant vit avec son père et sa mère est naturelle ? N'est-ce pas la plus simple et la plus favorable à son épanouissement ?

Là encore, il ne s'agit pas de stigmatiser ceux qui ne sont pas en mesure d'offrir aux enfants de vivre avec leurs deux parents ensemble, à cause d'un décès, d'une séparation ou de l'absence de couple parental. Pour qu'il n'y ait aucune honte à se retrouver enfant de parents séparés, nous devons à ces enfants de reconnaître qu'ils souffrent de cette séparation, parfois énormément, y compris, souvent, d'un sentiment de culpabilité. Pour l'écrasante majorité (88 %) des quelque 1 100 sondés de l'enquête[2] publiée en 2011 par l'Union des familles en Europe, cette séparation a eu des effets à long terme sur leur personnalité. Et 63 % estiment avoir éprouvé une souffrance « forte à énorme » au moment de la séparation de leurs parents. À force de répéter que le divorce est banal, qu'il ne « faut pas le dramatiser », on en est venu à nier la peine des enfants dont les parents se séparent et l'ampleur de leur traumatisme : régression chez les plus petits, sentiment d'abandon (notamment par le

1. *Cf.* Vianney Costemalle, « Parcours conjugaux et familiaux des hommes et des femmes selon les générations et les milieux sociaux », *Couples et familles*, Insee, décembre 2015.

2. Union des familles en Europe (UFE), « Les enfants du divorce », février 2011, http://www.uniondesfamilles.org/enfants-du-divorce-DOSSIER-PRESSE.pdf

père), perte d'estime de soi, à tout âge, sentiment d'être responsable de la séparation, avec, souvent, comme corollaire d'avoir la charge de réussir une réconciliation, impression de devoir « prendre parti » pour l'un ou l'autre des parents, etc. C'est un fardeau très lourd qui pèse sur des épaules innocentes, depuis l'annonce en forme de choc, souvent précédée d'une longue situation de dégradation conflictuelle endurée par les enfants avec un sentiment d'impuissance, jusqu'au bouleversement de vie qui accompagne souvent le divorce.

La fin de la relation d'amour auquel on doit la vie est une épreuve existentielle. En publiant en 2009 son livre-enquête *Le Jour où mes parents ont divorcé*[1], la journaliste Agathe Fourgnaud s'est affranchie des analyses jusqu'alors lénifiantes. Tant d'adultes ayant imposé leur rupture à leur descendance s'étaient rassurés en assurant : « Les enfants s'adaptent. » En réalité, leur traumatisme est durable et rend souvent plus complexe la capacité de vivre en couple dans l'avenir... La séparation des couples ou leur divorce (les parents de plus de la moitié des enfants qui vivent avec leurs deux parents sont mariés) a de multiples conséquences à long terme sur les enfants, notamment une perte du niveau scolaire et un raccourcissement de la durée des études... Mais la plus notable est la perte de contact avec le parent avec lequel ils ne vivront plus : 40 % des sondés de l'enquête de l'Union des familles en Europe précisent ne pas avoir maintenu

1. Agathe Fourgnaud, *Le Jour où mes parents ont divorcé*, Presses de la Renaissance, 2009.

de lien régulier avec celui de leurs parents qui n'avait pas sa garde... Il s'agit le plus souvent du père. Et plus de la moitié des enfants déclarent « avoir beaucoup ou dramatiquement souffert de cette rupture ». Pour neuf enfants sur dix, la suite de leur existence sera marquée par des « retrouvailles » avec le parent égaré, preuve supplémentaire de la force du lien charnel qui les relie.

Le père, comme la mère, est inoubliable. Il est vain d'empêcher un enfant de s'interroger sur l'homme et la femme dont il est issu. Supprimer la fête des Mères et celle des Pères pour ne pas stigmatiser certains enfants n'effacera pas cette réalité. Jeter le thermomètre n'ayant jamais fait baisser la fièvre, il ne suffit pas d'ajouter un « s » au mot « famille[1] » pour consoler les nombreux enfants qui souffrent d'un manque de père, de mère, de repères ou de stabilité affective.

Pièce unique de l'écosystème familial, le père est irremplaçable. Les femmes qui élèvent seules leurs enfants le savent. Tout enfant a besoin de son père : c'est lui qui l'aide à se « défusionner » de sa mère ; c'est lui qui peut le mieux l'encourager à s'ouvrir au monde, à

1. En référence à l'annonce du président de la République : « Si j'ai voulu le Mariage pour tous, c'est bien pour donner à tous la possibilité de former une famille, au-delà des questions de genre. Je vous annonce d'ailleurs que je vais corriger cet intitulé de "ministère de la Famille" au profit de "ministère des Familles", afin de les reconnaître toutes, les recomposées, les monoparentales, de même sexe. Ce qui est réactionnaire, c'est de considérer qu'il n'y aurait qu'un seul et unique modèle familial », in « François Hollande : "Il n'y a de bonheur que dans l'égalité" », *ELLE*, 3 mars 2016, http://www.elle.fr/Societe/Interviews/Francois-Hollande-Il-n-y-a-de-bonheur-que-dans-l-egalite-3059140

prendre des risques ; c'est lui aussi qui impose spontanément des règles et des limites que Mai 68 a cru pouvoir effacer. Bien sûr, les nombreux enfants qui vivent sans leur père ne se résument pas à ce manque. Il reste que la violence sociale dans laquelle une partie de la société est engluée est largement liée à la défaillance des pères. Il ne s'agit pas d'interdire la tendresse paternelle. Les Français décrivent simplement la bienveillance de leur père avec des mots qui contredisent l'idéologie de l'indifférenciation : ils évoqueront des activités réalisées ensemble plus que des attitudes, avec une prédilection pour ce qui réclame de la force physique, de l'énergie manuelle, de l'audace. La pensée unique peut bien dénoncer la survie de ce qu'elle considère comme de l'obscurantisme : c'est l'expérience courante. Gageons que les « études de genre » acharnées à traquer le réel décèleront longtemps « la persistance des stéréotypes sexistes », incitant l'État à honorer doctement les étudiantes choisissant un métier réputé masculin. Et vice versa. Il leur faut de la parité partout, d'en bas jusqu'au gouvernement, sauf là où elle trouve son origine écologique : le couple des parents.

Errance des pères, précarité des mères

Errance et satellisation des pères, parfois écartés malgré eux, solitude et appauvrissement des mères, qui portent la lourde charge de l'éducation des enfants : telle est la rançon de l'instabilité affective des adultes subie de plein fouet par les enfants. C'est faire justice aux parents séparés que de reconnaître leur difficulté à gérer la complexité de leurs tâches éducatives. Quand les deux coques d'un catamaran sont désolidarisées, difficile de naviguer.

En France, le nombre des familles « recomposées » reste cependant stable (9,3 % du total)[1]. Ce sont les familles dites monoparentales qui sont de plus en plus nombreuses. Elles sont passées de 16 % en 1999 à 20 % en 2011, à cause de la hausse des séparations. Soulignons que le néologisme « monoparental » est abusif, voire discriminatoire. Le mot escamote l'un des deux parents. Souvent le père. Or, celui-ci existe ou a existé. Une famille où manque un père ou une mère reste une famille. Même décédé, le père demeure une figure présente dans l'esprit de ses enfants. Même hors du foyer, il peut jouer un rôle. Inconnu, il manque. Il n'y a pas de raison de mélanger ces trois situations. Elles n'ont en commun que d'être difficiles à vivre, pour les enfants et, souvent, pour les mères.

Osons le dire : dans la société individualiste, des millions de femmes sont répudiées. Certaines se sont senties traitées comme des déchets non recyclables. L'universitaire Sylvie Brunel a tiré la sonnette d'alarme avec son courageux *Manuel de guérilla à l'usage des femmes*[2]. Par cet essai partiellement autobiographique, l'ex-épouse d'Éric Besson a témoigné d'un fait de société : l'humiliation endurée par celles que leur compagnon abandonne au

1. *Cf.* Marceline Bodier, Guillemette Buisson, Aude Lapinte, Isabelle Robert-Bobée, « Couples et familles : entre permanences et ruptures », *Couples et familles*, Insee, décembre 2015.

2. Sylvie Brunel, *Manuel de guérilla à l'usage des femmes,* Grasset, 2009.

milieu de la vie pour une plus jeune. Pourquoi ce livre ? «Je l'ai écrit parce que nous sommes des millions de femmes à mi-vie, maltraitées non par la nature mais par une société qui glorifie la jeunesse et encourage l'irresponsabilité des hommes.» Le féminisme égalitariste, en fermant les yeux sur la différence naturelle entre hommes et femmes en matière de sexualité, de procréation et d'engendrement, s'est finalement retourné contre les femmes et, par conséquent, les enfants.

Quatre familles monoparentales sur dix vivent en dessous du seuil de pauvreté, avec davantage de femmes et d'enfants victimes : «La séparation entraîne une baisse de niveau de vie de 3 % en moyenne pour les hommes et de 20 % pour les femmes[1]», ces dernières ayant dans l'immense majorité des cas la garde de leur enfant... Elles devront exercer seules l'autorité au quotidien, tâche difficile qui incombe au couple.

Les parents, source de l'autorité légitime

Puisque nous naissons sans défense, incapables de nous gouverner nous-mêmes, sous quelle autorité naissons-nous ? La réponse s'impose : celle de nos deux parents.

C'est un constat de bon sens : tout pouvoir légitime naît dans la famille, en raison du besoin vital des enfants

1. Carole Bonnet, Bertrand Garbinti, Anne Solaz, «Les variations de niveau de vie des hommes et des femmes à la suite d'un divorce ou d'une rupture de Pacs», *Couples et familles*, Insee, décembre 2015.

d'être situés sous une force protectrice et éducatrice, inscrite dans le temps long. Plus que pour toute autre espèce animale, l'écosystème qui sert de tuteur à la croissance de l'enfant doit être durable. Récuser l'autorité initiale des parents sur leurs enfants, c'est ruiner les fondements de toute vie en société. Les prophètes de la déconstruction s'y sont attachés, afin de libérer l'individu de tout conditionnement. Michel Foucault – qui a revendiqué le caractère autobiographique de l'ensemble de son œuvre – a ainsi dépeint la famille comme l'archétype de l'abus. Il voit «un nouvel appareil de savoir-pouvoir» dans «la petite famille incestueuse qui caractérise nos sociétés, le minuscule espace familial sexuellement saturé où nous sommes élevés et où nous vivons[1]». Ces préceptes nourrissent une telle méfiance pour la famille chez les disciples de Mai 68 qu'ils tablent sur l'État pour en libérer les enfants. Sommée de se défendre d'un intitulé de poste suspecté par les féministes de son propre camp de renvoyer la femme dans son foyer, Laurence Rossignol, à peine désignée ministre de la Famille, de l'Enfance et des Droits des femmes, a cru bon déclarer : «La famille, c'est le lieu où les inégalités prennent racine[2].» Arracher l'enfant à de telles griffes, c'est faire œuvre de salut public, au nom de l'égalitarisme.

C'est pourtant là que commence le précieux principe

1. Michel Foucault, «Les anormaux», *Histoire des systèmes de pensée*, Annuaire du Collège de France, n° 165, 1975, p. 335-339.

2. Arnaud Bihel, «Laurence Rossignol : La famille, c'est le lieu où les inégalités prennent racine», *Les Nouvelles News*, 13 février 2016, http://www.lesnouvellesnews.fr/un-ministere-des-familles-symbolique-et-apres

de subsidiarité, si indispensable à la vitalité d'une société. Ce principe invite à s'abstenir de donner à une institution un pouvoir qui pourrait être exercé dans une plus grande proximité, par un organe plus proche du terrain. Joseph Pearce – auteur de *Small is Still Beautifull* – en tire une conséquence : « Le pouvoir devrait être transmis depuis le bas, depuis la famille et non imposé d'en haut par un grand pouvoir impersonnel et centralisé[1]. » Encore faut-il admettre qu'il n'existe pas d'individus autonomes, mais seulement des personnes reliées. Certes, « les enfants n'appartiennent pas à leurs parents[2] », comme l'a justement affirmé, au cours d'un débat, Laurence Rossignol, aussitôt suspectée de considérer qu'ils appartiennent à l'État.

C'est que personne n'appartient à personne. Le pouvoir exercé par les parents ne saurait être quasi absolu comme l'était celui du *pater familias* romain. Encore que la *patria potestas* ou « pouvoir paternel » de ce dernier était déjà tempéré : il n'avait pas systématiquement, comme on l'affirme souvent, « droit de vie et de mort » sans limites sur ses enfants.

Si le pouvoir parental doit être tempéré, c'est en raison de la conscience de la dignité intrinsèque de tout être humain. Fragiles et sans voix, les nourrissons, et même, sous certaines conditions, les fœtus n'en sont pas moins traités comme des citoyens en herbe qui ont droit à une

1. Joseph Pearce, *Small is Still Beautiful : Economics as if Families Mattered*, Paperback, Intercollegiate Studies Institute, 2006.

2. « Ce soir (ou jamais !) », France 2, 5 avril 2013, http://www.france2.fr/emissions/ce-soir-ou-jamais/diffusions/05-04-2013_49998

protection juridique, sanitaire et sociale. Et à une sépulture digne. En France, cette protection est garantie par la loi et assurée par les parents, soutenus par l'État. Le fœtus héritera de son père, si ce dernier meurt avant sa naissance !

À toute autorité correspond une responsabilité. On peut s'étonner que, alors qu'il est si simple d'engendrer – quand il n'y a pas de problème d'infertilité –, le résultat de l'engendrement soit aussi important que... quelqu'un ! Un autre être humain. L'évidence s'impose : il ne saurait y avoir de permis de procréer. Grâce aux lois biologiques de la procréation, l'autorité dont bénéficie un enfant est généralement « conjointe » et paritaire, ni solitaire ni dispersée. Il faut donc faire confiance aux parents – sauf abus caractérisé – pour agir et décider ensemble. En les aidant à assumer leur immense responsabilité, sans prétendre les supplanter. Reconnaissons que l'amour conjugal est une précieuse alliée de l'autorité conjointe.

Rompre avec la dualité des parents, c'est transgresser un principe d'écologie humaine. Rien de mieux pour saper l'autorité conjointe de parents que de décréter leur multiplication. En cas de « recomposition familiale », la société prend soin de protéger l'enfant en se gardant d'attribuer à son beau-père ou à sa belle-mère un statut de parent de remplacement. À l'inverse, certains déconstructeurs entendent conférer un statut d'autorité aux compagnons successifs de l'un ou l'autre des parents légitimes, au motif qu'ils vivent avec des enfants dont ils assument une part de l'éducation. L'accumulation des référents parentaux, reflet de l'instabilité affective des adultes, soumet l'enfant à l'arbitraire, tout en dévalorisant l'autorité des parents biologiques.

Un autre processus arbitraire est induit par les systèmes de « coparentalité » dont les propositions fleurissent sur Internet. Ceux-là s'affranchissent du couple homme-femme pour se partager la conception, souvent artificielle, d'un enfant, puis son éducation. De quel droit lui imposer deux, trois, voire quatre coparents et des foyers éclatés ? C'est la marque de « l'individualisme forcené dans lequel notre société est prise[1] », estime le sociologue Michel Fize. « C'est l'enfant qui fait famille », assènent ceux qui lui imposent leurs configurations procréatico-affective.

L'irruption des parents multiples, individualisés ou artificiels, dans les revendications juridiques vient menacer le fragile écosystème de la famille père-mère-enfant source de l'autorité légitime, claire et sécurisante.

La famille, socle de la société

L'être humain ne naît pas en tant qu'individu autonome ; il naît comme membre d'une communauté où il est invité à prendre toute sa place, à mesure de sa croissance, jusqu'à prendre son envol, le moment venu. La famille est cette communauté de base à partir de laquelle découle naturellement tout le système de dévolution du

1. Cité par Nelly Deflisque, « Coparentalité : être parent sans être en couple, une bonne idée ? », 5 juillet 2012, http://www.magicmaman.com/,co-parentalite-etre-parent-sans-etre-en-couple-une-bonne-idee,411,2145198.asp

pouvoir. Le village, lorsqu'il a une identité, n'est qu'une famille de familles. Et bien des villages se vivent encore ainsi. Les « pays », au sens de la terre natale ou des territoires, les régions et jusqu'à la nation sont des regroupements par étages des familles qui les composent. La famille est le point de repère de la « mère patrie ».

Du couple à la tribu, en passant par le ménage, tel que le définit notre droit fiscal (les parents avec leurs enfants à charge), la famille est une entité toujours mouvante, aux contours évolutifs. Pour s'insérer dans le tissu social, elle s'ouvre sur la société par étages successifs.

Si on ne voit pas la cellule familiale comme le socle de la vie en société, le débat sur la politique familiale est biaisé. La famille est vue comme un lieu fragile, une cause de « dépenses sociales », au lieu d'être considérée selon ce qu'elle représente pour nos concitoyens : le lieu refuge, la structure forte, la ressource principale d'un pays. Celle qui lui donne son élan social. En réalité, si la famille durable doit être encouragée et protégée, c'est parce que c'est d'elle que découle une société harmonieuse et paisible. La participation de la famille à l'économie est négligée par les comptes publics. Pour l'économiste Ahmet Insel, « le don représente dans la société française contemporaine une grandeur approximativement équivalente aux trois quarts du PIB[1] ». Il précise que l'essentiel des tâches gratuites – 64 % du PIB – est domestique.

1. Philippe Chanial (dir.), *La Société vue du don. Manuel de sociologie anti-utilitariste appliquée*, La Découverte, coll. « Textes à l'appui. Bibliothèque du MAUSS », 2008.

Une évaluation de ce travail domestique, effectuée en 1999, aboutissait ainsi à 47,3 milliards d'heures par an, c'est-à-dire plus que le travail rémunéré qui s'élevait alors à 37 milliards d'heures. Ici encore, c'est un changement de paradigme qui s'impose : voir la famille comme source de valeur et de bien-être impose de ne pas restreindre le PIB au système marchand. La gratuité du travail au sein de la famille n'annule pas sa valeur. Au contraire.

La puissante solidarité intergénérationnelle de l'écosystème familial limite les conséquences dramatiques de la crise sociale. Une société composée d'individus autonomes conduirait à une lutte des classes... d'âge. Nous n'en sommes pas là : dans la force de l'âge, les membres d'une génération dite «pivot», celle des cinquante-soixante-cinq ans, soutiennent l'entrée de leurs enfants dans la vie active, de plus en plus chaotique, et la vie de leurs parents âgés, quand ils sont devenus dépendants.

En contrepoint de la chance que représente la famille pour l'un de ses membres fragilisés, il faut admettre le coût de la «non-famille», autrement dit de la solitude, parfois liée à la séparation. La plupart des problèmes sociaux qui paraissent insolubles, du début à la fin de la vie, ont leur source dans la défaillance ou l'absence de la famille... Nombre de jeunes entrés tôt dans la délinquance ont manqué d'un père; nombre d'hommes se retrouvant dans la rue ont subi une rupture familiale ou conjugale dont ils n'ont su se remettre. La Fondation de France estime que 4 millions de Français vivent dans l'extrême solitude, n'ayant «quasiment aucune conversation personnelle avec autrui[1]»!

Les conséquences sociales et financières de la «non-famille» font émerger le constat étudié par l'économiste Jean-Didier Lecaillon : la famille stable est source de prospérité[2]. Une part importante de la créativité sociale de notre société naît de l'énergie familiale. Elle est par exemple l'une des principales causes de la vitalité associative française dans le domaine du handicap. Perce-Neige, fondée en 1966 par Lino Ventura, père d'une fillette handicapée mentale, ou l'Union nationale des associations de parents, de personnes handicapées mentales et de leurs amis (Unapei) sont deux exemples magistraux. Confrontés à des épreuves personnelles, des parents déploient une énergie et une inventivité surhumaines pour fonder des institutions pérennes dont bénéficieront d'autres personnes.

La famille, ressource de la solidarité

Après des décennies de dénigrement et de méfiance idéologique, notre société découvre avec la pénurie budgétaire à quel point la famille demeure le lieu par excellence de la solidarité, parce qu'elle est un efficace amortisseur de crise. Tous les experts s'accordent pour

1. Judith Duportail, «Quatre millions de Français livrés à eux-mêmes», *Le Monde*, 1er juillet 2010, http://www.lemonde.fr/societe/article/2010/07/01/4-millions-de-francais-livres-a-eux-meme_1381894_3224.html

2. Jean-Didier Lecaillon, *La Famille, source de prospérité*, Régnier, 1995.

constater que l'instabilité conjugale n'a pas fait disparaître cette solidarité première, au moins pour la plus proche parenté. L'entraide intrafamiliale peut s'exprimer de diverses façons : soutien financier, apport d'informations et services réguliers.

Si cette solidarité est une évidence, c'est en raison des relations affectives et de gratuité qui marquent la famille. Les tenants d'une conception individualiste ou collectiviste insistent sur l'impact inégalitaire de ces solidarités : elles reposeraient largement sur les femmes, contribueraient à reproduire l'appartenance à des classes sociales et risqueraient de maintenir dans la dépendance les générations aidées... L'amour gratuit est suspecté par ceux qui récusent toute idée d'anthropologie du don. Les adeptes du modèle étatique fustigent la privatisation d'une solidarité qui incomberait à la collectivité.

La crise de l'État providence nous force à revenir au réel. L'extraordinaire dévouement des « aidants de proximité » fait taire les réserves. Qui peut apporter aux enfants nés avec un handicap, aux personnes gravement accidentées, aux personnes lourdement dépendantes ou très malades, une présence quotidienne, nuit et jour, des soins de base, une surveillance continue et une affection gratuite ? C'est presque exclusivement un proche parent, conjoint, ascendant ou descendant qui agit en première ligne. C'est lui que les politiques publiques s'efforcent désormais de protéger contre le *burn out*. Très vite, cet aidant deviendra un soignant à part entière, pivot du système de soins et d'aide sociale qui entoure la personne fragile. Il sera le plus précieux maillon de la chaîne de prise en charge. Source d'énormes économies pour la Sécurité sociale et le budget de l'État.

« Les époux se doivent mutuellement respect, fidélité, secours, assistance », prévoit l'article 212 du code civil. La cellule familiale durable consacrée par le mariage officialise la mise en commun des capacités de travail. C'est tout naturellement que le mariage instaure ou reconnaît une communauté d'assistance mutuelle qui sécurise les deux époux et leurs éventuels enfants.

Ici encore, les pouvoirs publics ont tenu à nier la différence père/mère en réformant au forceps le congé parental sans tenir compte de la résistance de la fibre maternelle. Constatant le faible nombre d'hommes choisissant de prendre un congé parental après la naissance de leur enfant, la loi du 4 août 2014[1] a voulu les obliger à prendre le relais de la mère pour une partie de ce congé. Au risque de pénaliser l'enfant, car une mère de deux enfants voit son congé parental passer de trois ans à deux ans et demi. C'est le père de l'enfant qui devra prendre son tour. Deux ans plus tard, constat d'échec du nouveau congé parental déconnecté de la réalité : « les papas le boudent, les mamans trinquent[2] ».

Le gouvernement paraît se désoler que les femmes françaises soient moins nombreuses que les Scandinaves

1. Loi n° 2014-873 du 4 août 2014 pour l'égalité réelle entre les femmes et les hommes.

2. Fabien Piliu, « Congé parental : les papas le boudent, les mamans trinquent », *La Tribune*, 2 mars 2016, http://www.latribune.fr/economie/international/conge-parental-les-papas-le-boudent-les-mamans-trinquent-555075.html

à considérer le travail rémunéré comme leur principal «levier de réalisation» personnelle. Sortir les femmes de la prétendue vacuité de leur vie de famille semble être son obsession... Il est peut-être temps de reconnaître et valoriser la place structurante et irremplaçable des femmes qui choisissent de prioriser leur famille dans la conciliation entre vie professionnelle et vie familiale. Elles sont partout un facteur déterminant de cohésion sociale.

Assumer le rôle de la famille, l'État en est incapable, malgré toute la bonne volonté de ses fonctionnaires. L'État ne remplace ni un père, ni une mère, ni une famille. Étrange logique qui exige une signature des parents pour délivrer à leur enfant mineur un analgésique dans le bureau d'une infirmière scolaire mais garantit que ces mêmes parents seront tenus à l'écart de tout le processus conduisant à un avortement... Ces parents ne seront-ils pas en première ligne pour assumer les conséquences douloureuses de cette expérience, sans en comprendre la cause ? Seuls à ne pas savoir, les voilà seuls à soutenir leur enfant, dans la durée.

Car la famille, c'est elle qui recueille, accueille et prend soin. C'est elle qui aime. Il faut lâcher ce gros mot. Sans condition. Pour toujours. Peut-on en même temps traiter la famille en pestiférée et l'appeler au secours au premier pépin ? Peut-on la mettre en quarantaine pour ne pouvoir compter sur elle que quand la situation est grave ? Peut-on enlever aux parents toute autorité, toute information sur les sujets les plus intimes (notamment liés à la sexualité) sans en assumer toutes les conséquences ?

Enseignants, amis, collègues et psy ont beau recevoir de précieuses confidences, c'est encore les parents et les enfants qui se révèlent les plus naturellement capables de se soucier les uns des autres. Ce sont les seuls qui ne s'oublieront jamais. Ce sont eux qui réclament de se revoir avant de mourir, et c'est encore eux qui sont appelés sur les lits de mort. La famille – toujours imparfaite – est la seule capable d'assumer notre besoin d'amour durable.

Famille rétrécie, famille élargie

La famille nucléaire n'est pas un rempart suffisant contre l'individualisme. La défendre sans valoriser la famille élargie, c'est déplacer le curseur de l'individualisme. Une société de familles nucléaires isolées les unes des autres est déjà fragilisée. Coupée de ses liens généalogiques et de parenté, la famille se dessèche. Elle n'est plus protégée. La dispersion géographique et la culture individualiste se conjuguent pour faire perdre à la famille occidentale une part de sa substance.

N'oublions pas à quel point l'écosystème familial élargi reste précieux, à tous les âges de la vie. En Afrique, les liens de parenté structurent des systèmes de devoir et de solidarité. Il est inconcevable, là-bas, de laisser un cousin à la rue. Des sociologues ont souligné que le déracinement familial expliquait une part de la « surdélinquance » observée chez les jeunes issus de la seconde génération d'immigration. En cause, principalement, l'absence des grands-parents. « Il faut plusieurs générations pour faire un honnête homme[1] », ose Denis Tillinac. Difficile de pousser paisiblement quand l'arbre généalogique est tronçonné.

Toute naissance concerne la constellation familiale : l'arrivée d'un nouveau-né convoque notamment l'assistance des grands-parents... Ces derniers ne peuvent être exclus par les parents : ils ont un droit de visite reconnu par la loi. À l'autorité puissante des parents correspond la reconnaissance d'une place pour la génération d'avant. La famille est ainsi un organe en mutation continuelle, qui s'épanouit lorsqu'elle génère une nouvelle cellule familiale. Plus que jamais, avec les progrès de l'espérance de vie, les strates familiales s'accumulent... Et nous pouvons mieux contempler leur arborescence quand coexistent désormais quatre, voire cinq générations...

En France, désormais, les solidarités jouent essentiellement entre la famille nucléaire et ses ascendants et descendants directs. C'est déjà ça. Là où la famille a été largement élaguée, les oncles, tantes et cousins jouant un rôle amoindri, les grands-parents assument toujours une bonne part de la transmission des valeurs. Ce sont des médiateurs, particulièrement précieux en cas de crise.

Le déni du biologique

L'attaque en règle contre la famille, principe et pilier d'écologie humaine, ne laisse pas d'étonner. Cette

1. Denis Tillinac, *Du bonheur d'être réac : apologie de la liberté*, Équateurs, 2014, p. 45.

motion de défiance domine pourtant la superstructure de la culture individualiste. Ceux qui maudissent leurs ascendants ont de l'écho. Avec son roman *Naissance*, Yann Moix règle ses comptes, sans aucun doute très personnels. La quatrième de couverture de ce prix Renaudot 2013 est un manifeste assumé contre la filiation :

> « La naissance ne saurait être biologique : on choisit toujours ses parents. Naître, c'est semer ses géniteurs. Non pas tuer le père, mais tuer en nous le fils. Laisser son sang derrière, s'affranchir de ses gènes. Chercher, trouver d'autres parents : spirituels.
>
> Naître biologiquement, c'est à la portée du premier chiot venu, des grenouilles, des huîtres. Naître spirituellement, naître à soi-même, c'est à la portée de ceux-là seuls qui préfèrent les orphelins aux fils de famille, les adoptés aux programmés, les déviances aux descendances. Toute naissance est devant soi[1]. »

La logique de ce manifeste égotique, aussi brillant qu'absurde, est prométhéenne : prétendre se faire naître, c'est se prendre pour son créateur.

Ce texte vient en contrepoint d'un mouvement social qui affirme simplement le contraire. Aucun homme ne se fait tout seul. Il n'y a pas de génération spontanée. La chanson[2] a raison de noter qu'on ne choisit ni ses parents, ni sa famille, ni Paris, ni Alger, ni les trottoirs de Manille : il s'agit pour chacun de consentir à la réalité. Pas de lui

1. Yann Moix, *Naissance*, Grasset, 2013.
2. Maxime Le Forestier, « Né quelque part », 1987.

tordre le cou. Nous naissons de quelqu'un, en un lieu et à une heure consignés sur notre acte de naissance. Le reste n'est qu'idéologie, déni du réel.

Tout l'enjeu d'une vie sera ainsi d'articuler sa liberté avec sa nature, donc sa généalogie et son origine géographique. Reniement impossible. Prétendre s'affranchir de ses gènes, c'est s'imposer un but aussi impossible à atteindre que la séparation d'avec son propre corps. Pour trouver la paix, mieux vaut assumer sa généalogie – quelle qu'elle soit – et les conditions de sa venue au monde. Ce qui n'interdit pas de récuser toutes les violences, toutes les injustices et toutes les infamies qui ont pu marquer l'histoire de nos ancêtres – parfois de nos parents – et de leurs relations... Consentir au réel ? L'homme n'a pas le choix. C'est le socle de son identité. Car il n'existe pas d'être humain « hors sol ». Le fleurissement annuel des tombes familiales dénote *a contrario* l'attachement des millions de Français à la sépulture de leurs ancêtres, et à leur terre.

Qu'on ne s'y trompe pas, en affirmant devoir « tuer le fils », c'est l'amour au sein de la famille que vise Yann Moix. Avec toutes ses composantes : émerveillement, gratitude, tendresse, service, pardon... En refusant la vérité anthropologique de l'engendrement, c'est l'affection paternelle, maternelle et filiale qu'on veut récuser. Pour chasser aussi toute idée de racine, d'autorité, de transcendance. Tel est le précepte fondateur de toute déconstruction : faire de l'individu un électron prétendument libre, quitte à invoquer la supériorité incontestable d'une parenté spirituelle qu'on se choisit...

On ne s'affranchit pas du biologique innocemment. Aussi respectable que la quête identitaire des « nés sous X » (à la recherche de leurs deux parents biologiques), celle des « nés de spermatozoïde inconnu », titre du livre d'Arthur Kermalvezen[1], est venue chahuter le monde de la procréation médicalement assistée... C'est d'abord l'histoire d'un homme, le « donneur », qui manque à celui qui en est né : ses motivations, son visage, ses autres descendants... Il y a aussi, dans son histoire, beaucoup d'informations susceptibles de rattraper celui ou celle qui en a été conçu, et pas seulement des informations généalogiques.

À ceux qui renvoient celui qu'ils nomment le « géniteur » aux oubliettes de l'anonymat, les fulgurants progrès de la médecine prédictive rappellent en effet que les enfants qui ignorent qui est leur père biologique souffrent d'une discrimination indéniable, au regard de leur santé. Chasser le naturel, il revient... en boomerang ! De quel droit priver certaines personnes de toute la panoplie préventive (surveillance accrue, examens d'imagerie médicale) permettant de dépister et soigner à temps de graves pathologies ? Quelques médecins procréateurs, choqués par les conséquences sanitaires des dons anonymes de gamètes ou d'embryon, ont sonné l'alarme, en vain. Comme si la santé des enfants à concevoir devait s'effacer devant l'impérieux « désir d'enfant » éprouvé par des adultes.

1. Arthur Kermalvezen, *Né de spermatozoïde inconnu*, Presses de la Renaissance, 2008.

Les progrès scientifiques sont donc un argument supplémentaire pour respecter l'écologie de la famille. La génétique confirme que les membres d'une société sont solidaires les uns des autres, par la chaîne naturelle des générations, à partir de la cellule familiale... Le mépris pour le patrimoine biologique nous expose à un retour de bâton sanitaire.

Personne ne peut empêcher Yann Moix de détester la famille, avec un mélange de brio et de pesanteur. Le romancier de *Naissance*, qu'on pourrait tout autant appeler «Vengeance», est douloureusement marqué par la maltraitance que ses parents lui ont infligée, dès l'accouchement, croit-il se souvenir... Ces coups le laissent si cabossé qu'il se dit étranger à son origine et affirme : «Je suis le sujet de mes livres parce que je me suis inventé.» Son témoignage poignant plaide pour que tout être humain puisse bénéficier d'un solide nid familial où il sera respecté. Qui peut le mieux protéger le nourrisson, vulnérable et dépendant, si ce n'est des parents aimants ? Ce n'est qu'en cas de grave défaillance qu'il est impératif de retirer l'enfant à sa famille, les conséquences d'une telle rupture étant lourdes.

Gare au choix truqué !

Les fragilités propres à la famille sont systématiquement pointées par ses démolisseurs. En tant que communauté de vie, la famille est aussi le lieu où surviennent des maltraitances et des abus. Parfois de façon structurelle et gravissime, au point que ses victimes en sortent profondément meurtries. Faut-il dresser la liste ? Bébé secoués, enfants battus, voire violés, femmes ou hommes victimes de violences conjugales, jusqu'aux personnes âgées maltraitées par ceux qui sont censés en prendre soin... Les communautés de vie sont des lieux où coexistent le pire et le meilleur.

Les opposants à la famille dite « traditionnelle » n'en finissent pas de ressasser en repoussoir le cas type du père et de la mère alcooliques qui ne s'entendent que pour battre leurs enfants. Ils la comparent benoîtement aux situations idylliques qu'ils veulent promouvoir : deux hommes ou deux femmes paisibles. Mais c'est un choix truqué, le type même de fausse alternative : comme s'il fallait choisir entre deux gentils papas et un père et une mère cruels !

Toute cruauté est inacceptable, quels que soient les adultes qui ont la charge des enfants. L'affirmer n'oblige pas à cautionner la maltraitance qui consiste à priver délibérément un enfant de son père, ou de sa mère. Répétons que rien ne saurait légitimer qu'un enfant confié à l'adoption se voie attribuer deux pères ou deux mères, comme si père et mère étaient interchangeables.

Ceux qui dénigrent systématiquement cette famille père-mère-enfants, plébiscitée par huit Français sur dix, ont comme objectif de faire oublier que les transgressions qu'ils proposent portent atteinte aux droits fondamentaux des sans-voix. Les enfants ainsi discriminés ne s'en plaignent pas, affirment-ils. Ils sont aimés, certes. Deux adultes peuvent être de très bons éducateurs. Mais cela ne vient annuler ni la maltraitance originelle ni ses conséquences. Entendre un enfant défendre le choix fait par deux adultes de même sexe qui l'élèvent d'avoir escamoté son père (donateur anonyme de sperme) ou sa mère (donatrice d'ovocyte ou porteuse) n'y change rien. Au contraire. Il n'y a pas pire piège que celui que tend le chantage affectif. Particulièrement grave puisqu'il n'y a pas de porte de sortie. Tout juste peut-on espérer que ces enfants innocents auront un jour le droit et la capacité de récuser le mode de conception qu'on s'est cru en droit de leur imposer.

À la suite d'André Gide lançant son « Famille, je vous hais ! », nos penseurs emblématiques n'ont eu de cesse de vilipender la famille, à l'image de Michel Foucault donnant comme sujet à ses élèves de Clermont-Ferrand : « La famille névrotique, c'est-à-dire la famille tout court ». Tout un courant de pensée la voue aux gémonies. Quel abîme entre cette détestation méprisante assumée par ces déconstructeurs et la déclaration d'amour quasi unanime que nous continuons de faire à la famille ! En paroles et en actes. Ils la dissèquent rageusement comme pour lui faire perdre sa figure humaine en la démembrant. Nous nous précipitons dans son giron, malgré les tourments inhérents à la promiscuité et à l'amour. Ils la décrivent comme le lieu source du totalitarisme et d'enfermement. Nous la savons valeur refuge. Ils suspectent son emprise, nous goûtons sa gratuité. Ils constatent qu'elle nous emprisonne. Nous sentons qu'elle nous sécurise. Face à la famille, avouons notre ambivalence naturelle. Car il faut bien s'en séparer – défusionner – pour prendre son envol. Mais quel est cet essentiel de l'existence que nous voulons conserver ? Les personnes très âgées ont la sagesse de nous le dire : ce qui est le plus précieux dans la vie, c'est la famille.

Aussi, c'est une folie que de croire qu'il faut nous en couper pour exister. Ce serait se bloquer au stade adolescent, immature et tout-puissant. Rompre avec ses racines, c'est se dessécher. L'individualisme entretient pourtant pareille illusion, et les pouvoirs publics y contribuent, sur les sujets les plus intimes.

Intrusion étatique dans la famille

Une confrontation s'est engagée entre la famille et l'État, contaminé par l'idéologie de la déconstruction impatiente de soumettre la famille à sa toute-puissance.

Le débat autour de la loi Taubira a fait sortir ce loup du bois : « Le but de la morale laïque, a revendiqué le ministre de l'Éducation nationale, Vincent Peillon, est d'arracher l'élève à tous les déterminismes, familial, ethnique, social, intellectuel[1]. » Ce n'est plus la famille qui est censée éduquer. Il faut rééduquer les parents. « Le gouvernement s'est engagé à "s'appuyer sur la jeunesse pour changer les mentalités"[2] », a rappelé le même ministre aux recteurs, le 4 janvier 2013, dans le contexte du mouvement social.

---

1. « Vincent Peillon pour l'enseignement de la "morale laïque" », *L'Express*, 2 septembre 2012, http://www.lexpress.fr/actualite/politique/vincent-peillon-pour-l-enseignement-de-la-morale-laique_1155535.html

2. Lettre du ministre de l'Éducation nationale, Vincent Peillon, à tous les recteurs d'académie de France, le 4 janvier 2013.

Najat Vallaud-Belkacem, en visite à des collégiens, avait déjà affirmé compter sur eux pour faire admettre l'homoparentalité à leurs parents, notion constructiviste par excellence. Une vidéo du 15 octobre 2012 atteste ses efforts pour convaincre un parterre qui n'était pas acquis. Alors ministre des Droits des femmes, elle tente d'envoyer les collégiens en mission. Bien rodée, la leçon de morale mérite d'être revue : « Dans la génération de mes grands-parents, avoir un enfant en dehors du mariage était mal vécu. Maintenant, tout cela paraît assez naturel. Dans la génération de mes parents, c'était une génération dans laquelle le fait de divorcer, c'était très très mal vécu, ça passait très mal et les enfants pouvaient en souffrir, maintenant tout cela paraît assez naturel. Dans ma génération, c'était l'homoparentalité qui était assez mal vécue. Maintenant, on se rend compte qu'il y a plusieurs centaines de milliers d'enfants qui vivent bel et bien dans de telles familles homoparentales. Maintenant, la question qui se pose, c'est *quid* de votre génération ? Moi, je suis assez optimiste parce que je pense que vous avez les moyens d'être beaucoup plus ouverts que ce que l'on ne l'a été par le passé. Et vous pouvez avoir un rôle à jouer, pour, même, informer davantage vos parents, informer davantage vos familles sur ce que vous venez d'entendre aujourd'hui[1]. »

Chaque génération est instrumentalisée dans un savant cours de déconstruction, effectuée dans le dos des

1. Visite de la ministre des Droits des femmes, Najat Vallaud-Belkacem, au collège André-Chêne, à Fleury-les-Aubrais (Loiret), le 15 octobre 2012, https://www.youtube.com/watch?v=sbfjnalFHzA

parents. La dialectique d'inéluctabilité, d'implication, de récupération historique se permet, au passage, un déni de la souffrance des enfants du divorce. En épousant l'argumentaire LGBT, la ministre va jusqu'à assener leurs données fausses, ces «centaines de milliers d'enfants» que s'invente le lobby de l'homoparentalité. Voilà le genre de propos qui légitime la révolte anthropologique.

Il faut revenir au réel. Fragiliser, détruire ou dénaturer la famille, écosystème de base indispensable à l'épanouissement de l'être humain, c'est saper les fondements de la vie en société. Croire que la liberté ne se trouve que dans le déracinement, c'est préparer des êtres humains hors sol.

À force de suspecter le terreau familial d'être avarié, les déconstructeurs au pouvoir ont cru devoir demander à l'Éducation nationale de rempoter ses élèves dans un substrat unifié, purifié des impuretés et maladies de la famille. C'est la logique du *Meilleur des mondes* qui fabrique ses citoyens modèles et soumis. Quand le pouvoir prétend réinventer la famille, il se fait totalitaire. Et il se fait mensonger quand il impose à un enfant une filiation privée de l'altérité sexuelle.

3

Sacré sexe !

La révolution de l'écologie humaine est sexuelle. Il ne peut en être autrement. Car la relation sexuelle – celle qui engage le corps, le cœur et l'âme dans un présent d'éternité – est l'acte qui célèbre l'humanité avec le plus d'éclat. Chez l'homme, le sexe relève du sacré. Il combine, au naturel, l'intimité la plus profonde entre deux êtres et l'ouverture à la vie.

Des millions d'euros et des milliards de neurones sont dépensés chaque année pour destructurer le sexe. Chaires universitaires, publications savantes, colloques entre pairs où l'on règle souvent de douloureux comptes avec son identité et son histoire personnelle, sans craindre ni de provoquer ni de se contredire. Le ghetto victimaire ne finit pas de s'enchaîner à ses théories autojustificatrices. L'énergie du désespoir sexuel peut paraître inépuisable. Elle est aussi pitoyable que destructrice.

Sexe exhibé, sexe falsifié

Mais de quel sexe parle-t-on ? Est-ce celui qu'on dresse en totem, sur la place publique, pour célébrer ses obsessions ? Certainement pas. Le « vagin de la reine[1] » qui s'exhibe à Versailles n'est qu'une idole froide et rouillée. Le *Plug*[2] vert, accessoire scatologique qu'on érige place Vendôme, déguisé en sapin de Noël pour tromper les enfants, est du même acabit. Tous deux appartiennent à la sous-culture pornographique et à son marché artificiel vite dégonflé. En termes d'écologie humaine, les objets symboliques de ce sexe-là ne relèvent pas seulement de la pollution visuelle la plus régressive : ils profanent sciemment ce que le sexe a de sacré.

Désacralisé, le sexe est dévalorisé. Devenu vulgaire produit de consommation courante, il entraîne dans sa danse macabre l'homme et la femme, et souvent l'enfant. À force de les traiter en objets consommables, il les jettera, le moment venu, comme des déchets. Seul le sexe véritable se recycle en amour vrai. Car il est enraciné.

Mystérieuses et fragiles, les algues magnifiques qu'un admirateur naïf s'autorise à arracher sous l'eau pour les

1. Surnom de *Dirty Corner*, une immense sculpture en acier de 10 mètres de haut réalisée par l'artiste contemporain britannique Anish Kapoor, exposée, non sans créer la polémique, dans les jardins du château de Versailles en 2015.

2. Structure gonflable, le *Iree*, créé par l'artiste contemporain Paul McCarthy, fut érigé place Vendôme lors de la Foire internationale d'art contemporain (Fiac) de 2014 et suscita une vive polémique car il évoquait pour certains un *plug* anal.

exhiber en surface perdent aussitôt tout éclat. Et tout intérêt. Elles semblent pourrir sous les yeux, flasques et insipides. Ainsi en est-il de la relation sexuelle : la mode des *sex tapes* a beau fasciner le voyeur, l'image d'une relation sexuelle anéantit par essence toute l'intimité qu'elles prétendent révéler. C'est le sexe mensonger. Autodestructeur.

L'écologie de l'homme suggère une tout autre approche : à rebrousse-poil du sexe désormais désenchanté de la révolution sexuelle du siècle dernier qui s'est cru libératrice, elle considère la relation sexuelle entre un homme et une femme comme la clé de voûte de l'organisation sociale. Pourquoi un tel statut ? Parce que l'enfant a besoin de vivre entre ses deux parents.

Il ne s'agit pas là d'imposer une nouvelle posture idéologique, bien au contraire. Mais de partir du réel. On n'a pas trouvé mieux que le sexe comme armature de la société, clé de sa cohésion. Valeur intime et ultime à partir de laquelle chacun reçoit et protège son identité. Affaire à la fois tellement publique et tellement personnelle que sa manifestation essentielle a besoin d'être cachée. La relation sexuelle, en reliant deux êtres humains d'égale dignité, fait naître dans leur espace intime soudain mis en commun un besoin de pudeur partagée.

La pudeur universelle

Tout enfant, à partir d'un certain âge, intègre la pudeur personnelle comme une valeur que lui dicte son humanité. Les anthropologues ont constaté partout dans le monde ce que France Borel a nommé le « refus universel de la nudité[1] », que ce refus se traduise ou non par la dissimulation des organes génitaux aux yeux du public. La pudeur humaine est à la fois planétaire, car aucun peuple n'y échappe, et relative, car elle peut se porter sur des parties très différentes selon les cultures. Que le corps soit vêtu, décoré, tatoué, marqué, scarifié, coiffé, rasé, épilé voire mutilé, il s'inscrit toujours dans une culture particulière. Une chose est certaine : tous les hommes transforment l'apparence de leur corps. Le corps naturel n'existe pas plus que l'homme sans culture. Et France Borel de constater : « C'est donc par le refus catégorique de la nudité que l'être humain se distingue de la nature. » C'est un précepte universel de l'écologie humaine : la nature de l'homme récuse la sauvagerie animale.

En Occident et dans maints endroits du monde, l'enfant prend ainsi progressivement conscience, à partir de trois à cinq ans, du besoin impérieux de voiler certaines parties de son corps au regard des autres. Cela lui permet de concentrer son énergie sur d'autres apprentissages psychiques et intellectuels. Fille ou garçon, l'enfant acquiert ainsi la juste distance entre lui et les autres, y compris en s'éloignant physiquement de ses parents. Il signifie par sa pudeur que ses organes sexuels sont inaccessibles à autrui. Il apprend à les protéger pour se protéger. C'est dire combien la sexualité est proche de l'identité.

---

1. France Borel, *Le Vêtement incarné. Les métamorphoses du corps*, Calmann-Lévy, 1992.

Le sexe relève de l'intime absolu. C'est en cela qu'il n'est pas loin du sacré. Le lit conjugal est une alcôve strictement protégée. La liberté sexuelle s'y conjugue avec le plus grand secret. Question de pudeur. Et signe de l'importance de la sexualité.

Contradictions autour de l'intime

La réalité est à contresens de la culture de la transgression exhibitionniste où les provocateurs croient pouvoir nous plonger. Sinon, les attouchements sexuels imposés – quel que soit l'âge de la victime – ne seraient pas la cause de tels traumatismes, et à ce titre sévèrement réprimés. Si le sexe était anodin, un coup de poing cassant le nez serait plus répréhensible que certains abus sexuels ne laissant apparemment pas de séquelles physiologiques. Heureusement, il n'en est rien.

Nous touchons là une des contradictions les plus violentes de notre société. Comment concilier l'érotisation de l'espace public par l'industrie pornographique – et ses multiples produits d'appel – et la protection des hommes, des femmes et des enfants contre les agressions sexuelles, y compris quand elles viennent de pervers et d'exhibitionnistes ? Ici, on apprend aux enfants, aux jeunes et aux femmes à se préserver, et aux hommes à renoncer à leur violence ; et là on vend l'image de femmes, déguisées en filles à peine pubères. Que nous en soyons venus à imposer à tout âge, au travers de l'espace public et d'Internet, une telle pollution des esprits par la pornographie est un défi à l'écologie humaine. Car cette colonisation mentale contribue à créer un fossé d'incompréhension, de violence et de mépris entre les deux parties de l'humanité appelées à se rencontrer dans l'amour et le respect mutuels.

L'initiation sexuelle par la pornographie est une école de violence qui alimente la guerre des sexes, la misère sexuelle et la solitude[1]. Dans la civilisation «fondée sur la haine» imaginée par George Orwell, une sous-section administrative intitulée Pornosex est «occupée à produire le genre le plus bas de pornographie[2]» pour l'adresser aux prolétaires et contribuer, par leur avilissement, à leur asservissement. En attendant d'aller plus loin : car les neurologues de *1984* travaillent à un projet plus radical : extirper l'instinct sexuel, réduire la procréation à une «formalité annuelle». L'explosion contemporaine de la culture pornographique confirme ce paradoxe : l'idolâtrie du sexe va de pair avec sa détestation.

Le grand fantasme unisexuel

Considérons de nouveau de quoi l'humanité est faite : d'hommes et de femmes, chacun issu d'un homme et d'une femme. Ce «sexus» sépare – c'est son étymologie – l'humanité en deux parts presque égales. Toute relation est sexuée.

---

1. *Cf.* Thérèse Hargot, *Une jeunesse sexuellement libérée (ou presque)*, Albin Michel, 2016.
2. George Orwell, *1984*, Secker and Warburg, 1949.

Valoriser certaines anomalies pour contredire ce constat est une récupération indigne : l'indifférenciation sexuelle parfois observée à la naissance est un douloureux accident. Entretenir le trouble sur le genre est un fantasme comme un autre. S'il est sciemment entretenu, c'est qu'il est au cœur du projet de déconstruction de l'altérité sexuelle dans la famille. Ce fantasme a beau connaître une résonance médiatique inédite, avec la mode de l'androgynie et du transformisme, l'expérience courante, celle qui structure la société, nous fait automatiquement identifier du premier coup d'œil, ou au son de la voix, si l'on est en présence d'un homme ou d'une femme. C'est seulement quand le doute est permis qu'un secours est réclamé à l'intelligence. Ou aux parents d'un bébé.

Les spécialistes de robots savent par ailleurs que, lorsqu'une machine commence à prendre un aspect humanoïde, on entre dans ce que le roboticien Masahiro Mori nomme « la vallée dérangeante[1] » : plus un robot ressemble à un humain, plus nous sommes mis mal à l'aise devant ses défauts. Et l'indétermination sexuelle est l'un des défauts qui gênent le plus. D'où l'adoption de détails morphologiques « genrés » comme des épaules larges pour assimiler au genre masculin ou des yeux en amande pour féminiser le robot, histoire de rassurer les êtres de chair et d'os. N'en déplaise aux militants de la neutralité, le genre déterminé est inscrit dans l'humanité.

1. Masahiro Mori, *The Uncanny Valley*, Energy, 1970, 7 (4), p. 33-35.

Dans l'élan de Mai 68, le mouvement artistique assume le parti pris artificiel de la déconstruction institutionnelle du genre. La photographe Bettina Rheims en a fait sa spécialité : « Mon objectif premier a surtout été d'aborder la question trouble de la transgression, du passage, en racontant des histoires fictives, puisque construites de toutes pièces[1] », explique-t-elle. De sa série de clichés *Modern Lovers*, en 1989-1990, qui traite du genre, de l'androgynie et de la transsexualité, à celle de son exposition de 2012 à Düsseldorf, « Gender Studies », la cohérence est parfaite. L'influence des photos de mode androgyne sur les mentalités est puissante. Elle relève d'une option délibérée. Bettina Rheims raconte s'être dit un jour : « Je vais caster les androgynes[2] » en assumant la fonction d'illusionniste : « Ce qu'on vous montre n'est pas la réalité. » La posture politique est assumée : « Est-ce que ça n'est pas ça être un artiste, se rebeller contre les idées toutes faites et faire bouger les lignes[3] ? »

Pour y parvenir, les déconstructeurs se disputent les tactiques : Judith Butler veut toujours « défaire le genre[4] » quand d'autres revendiquent carrément son abolition.

1. Gilles Renault, « Bettina Rheims : féminité sur tous les tons », *Libération*, 21 février 2016, http://next.liberation.fr/arts/2016/02/21/bettina-rheims-feminite-sur-tous-les-tons_1434904

2. « Dans l'œil de Bettina Rheims », « Boomerang », France Inter, 26 janvier 2016, http://www.franceinter.fr/emission-boomerang-dans-l-oeil-de-bettina-rheims

3. JT de 20 heures, « Bettina Rheims : portrait d'une photographe qui met en valeur les femmes », France 2, 7 février 2016, http://www.francetvinfo.fr/economie/emploi/metiers/art-culture-edition/bettina-rheims-portrait-d-une-photographe-qui-met-en-valeur-les-femmes_1335149.html

4. Judith Butler, *Défaire le genre*, Amsterdam, 2012.

La sociologue et militante Marie-Hélène Bourcier, maître de conférences à l'université de Lille-III, préfère opter pour « la prolifération des genres[1] ». L'objectif est le même : se débarrasser de l'altérité sexuelle. Avec, en général, l'homme en ligne de mire.

Les féministes du genre déconnectées du réel tentent d'embarquer l'humanité sur cette route. Ainsi Caroline Fourest, dans une stupéfiante tribune du *Monde* intitulée « La City du mâle[2] ». Ce texte est au moins la preuve de l'existence d'une idéologie du genre qui ne répugne ni aux dogmes ni aux prophéties biologiques les plus absurdes. Dans un texte qui récuse la féminisation des dirigeants d'entreprise comme remède à la violence machiste, source d'imprudence et de fautes de gestion, Caroline Fourest veut contester aux femmes toute autre spécificité que celles qui proviennent « des siècles de patriarcat » et se refuse surtout à admettre qu'elles soient « naturellement douces ». Après avoir dû constater que la testostérone est « en moyenne de quarante à soixante fois plus élevée chez les hommes » mais qu'elle « existe chez les hommes comme chez les femmes », elle estime « très probable que ces taux finiront par s'équilibrer après plusieurs siècles d'activité égale ». Préférons répondre à ce fantasme d'égalitarisme chimique par le constat d'une différence féconde.

1. Éric Loret, « Marie-Hélène Bourcier. Le cru et le *queer* », *Libération*, 15 septembre 2011, http://next.liberation.fr/livres/2011/09/15/marie-helene-bourcier-le-cru-et-le-queer_761284

2. Caroline Fourest, « La City du mâle », *Le Monde*, 15 octobre 2010, http://www.lemonde.fr/idees/article/2010/10/15/la-city-du-male_1426770_3232.html

Fragile et féconde parité

Par quelle alchimie l'humanité est-elle ainsi divisée ? Ceux qui continuent de déployer une phénoménale énergie intellectuelle pour démontrer que la différence homme/femme relève de la culture – une culture millénaire de domination masculine qui aurait inventé la maternité pour soumettre les femmes aux hommes – n'en finissent pas de se rebeller contre le bon sens, quitte à refuser l'évidence. Il y a des hommes. Il y a des femmes. Indispensables les uns aux autres pour procréer. Deux hommes ou deux femmes en sont incapables.

À quoi sert d'accuser la nature de diviser l'humanité pour régner ? Nous sommes inachevés sans l'autre sexe. Est-ce la plus sage façon qu'ait trouvée la nature pour nous interdire l'autosuffisance ? Insupportable ou bienfaisante limite à notre toute-puissance ? Comme il est impossible de se dupliquer, chacun restera singulier. Certes, il nous faudra conquérir un continent d'un autre genre pour procréer, ensemble, et découvrir en chaque enfant, garçon ou fille, une autre singularité. Non seulement personne ne s'est créé tout seul, mais personne ne peut procréer tout seul.

Le sexe est une donnée qui, immédiatement, nous limite. Heureusement, la nature est bien faite : il naît un peu plus d'hommes mais ils sont un peu plus fragiles. La pyramide des âges est verticalement symétrique... Sauf si les hommes s'en mêlent.

En ce domaine, comme dans la « gestion » de la faune, gare aux apprentis sorciers qui s'autorisent à déséquilibrer l'égalité entre les sexes. Déstabiliser le socle le plus originel de l'écosystème humain, c'est ce qu'a osé la Chine, avec la combinaison d'une politique drastique imposant l'enfant unique et d'une culture ancestrale de dévalorisation des femmes. N'avoir qu'une fille, c'est risquer la misère en fin de vie, puisqu'elle est vouée, en emportant sa dot, à servir sa belle-famille. Les techniques modernes d'échographies ont fait le reste : l'avortement sexo-sélectif des filles a remplacé le féminicide traditionnel, transformant cette coutume en génocide massif. Soixante millions de femmes manquent déjà. Même chiffre en Inde, pour des raisons voisines. Le phénomène touche la plupart des pays du Sud-Est asiatique et les communautés d'origine asiatique de certains pays occidentaux. Outre ce qu'une telle pratique révèle d'injustice et d'inégalité, le déséquilibre démographique augure de multiples drames : prostitution, polyandrie, violences masculines, migration forcée d'hommes qui ne pourront fonder une famille dans leur pays d'origine... Une véritable catastrophe d'écologie humaine.

Un homme, une femme, engagés durablement l'un envers l'autre et ouverts à l'accueil des enfants : personne n'a trouvé mieux que la parité pour structurer la famille. Homme et femme gouvernent ensemble une barque qui peut conduire leurs enfants à bon port. La famille nucléaire, fondée sur l'exclusivité des relations sexuelles entre les deux parents, devient un passeport pour la liberté. Plutôt que de balayer du bras ce que la psychanalyse a fait découvrir des rôles différenciés du père et de la mère dans la construction psychique de chaque être humain, réjouissons-nous que sept petits Français sur dix continuent d'en bénéficier.

Le sexe face à la « société liquide »

Il a fallu des millénaires pour unifier sur une seule tête les rôles d'amante, de mère et d'épouse, éclatés dans les sociétés grecque et romaine entre l'initiatrice, la prostituée et l'épouse. Et pour garantir enfin la liberté du consentement mutuel contre les déterminismes abusifs. Avec la révolution sexuelle de Mai 68, ce fut le retour de « l'amour en morceaux[1] », selon l'expression de Gérard Leclerc. Pour l'essayiste, cet éclatement est « une menace toujours présente », mais elle « a trouvé aujourd'hui des conditions assez particulières pour qu'on le prenne comme un de nos plus grands défis ». Avec sa *Tyrannie du plaisir*[2], Jean-Claude Guillebaud a quant à lui retourné comme un gant la grande promesse libertaire de l'effacement des tabous et interdits qui aboutit à l'atomisation de la société dans le désenchantement individualiste.

Théoricien de la « société liquide », Zygmunt Bauman a montré à quelles « tragédies personnelles » mène la dévalorisation du sexe : « Les relations amoureuses sont

1. Gérard Leclerc, *L'Amour en morceaux ?*, Presses de la Renaissance, 2000.
2. Jean-Claude Guillebaud, *La Tyrannie du plaisir*, Le Seuil, 2001.

effectivement un domaine de l'expérience humaine où la "liquidité" de la vie s'exprime dans toute sa gravité et est vécue de la manière la plus poignante, voire la plus douloureuse[1] », explique le sociologue, avant de souligner la contradiction dans laquelle la prétendue libération sexuelle enferme ses victimes : « D'un côté, dans un monde instable plein de surprises désagréables, chacun a plus que jamais besoin d'un partenaire loyal et dévoué. D'un autre côté, cependant, chacun est effrayé à l'idée de s'engager (sans parler de s'engager de manière inconditionnelle) à une loyauté et à une dévotion de ce type[2]. » Et finalement une question tragique mine la relation : « Et si le partenaire était le (la) premier(ère) à décider qu'il ou elle en a assez, de sorte que ma dévotion finisse à la poubelle ? » Ainsi la révolution de Mai 68 aboutit au pire paradigme consumériste qui soit : faire de l'autre, de son corps et de son cœur, un produit de consommation jetable sans préavis. D'expérience en expérience, il faudrait apprendre à endurer, pour se blinder, et finir par ne surtout pas prendre la communion sexuelle au sérieux, quitte à la mépriser pour survivre, presque à la manière de ceux qui, forcés de se prostituer, tentent de découpler le sexe de l'affectivité.

L'intégration de la sexualité exclusive au mariage est au contraire un facteur déterminant de la cohésion sociale et de la protection des plus vulnérables. La

1. Entretien avec Zygmunt Bauman, *L'Amour liquide : de la fragilité des liens entre les hommes*, Éditions du Rouergue, 2004.
2. *Ibid.*

valorisation des unions multiples, successives ou simultanées dans le monde des nantis, jusqu'à la tête de l'État, reste une régression tant pour l'égalité entre hommes et femmes que pour l'équité entre riches et pauvres. Le modèle dominant finit par consacrer une forme de polygamie (plus rarement de polyandrie) qui a un fort impact mimétique. L'homme qui a réussi est celui qui est capable de remplacer sans tarder la femme qu'il a usée par une autre, d'un modèle plus récent. Au risque de mourir abandonné des siens. Comme le note un père africain dans le film documentaire *Humanum*[1], qui illustre l'universalité de l'altérité sexuelle dans les familles du monde entier, la monogamie confère à chacun des époux un statut royal. Toute famille est un État souverain ; tout domicile est un palais ; tout enfant un prince.

À l'inverse, la polygamie introduit une double discrimination sociale : en souffrent d'une part les épouses multiples, sans cesse en concurrence, et d'autre part les hommes les plus pauvres, contraints au célibat. Le chef dominant collectionne les conquêtes. Les pauvres n'ont pas accès aux femmes. Ce sont les tyrans qui adoptent le modèle animal sélectif de la harde où seul le mâle dominant s'accouple aux femelles, contraignant ses sujets les plus faibles à la frustration sexuelle.

---

1. *Humanum*, 2014, http://humanum.it/films/

Haro sur la fidélité !

La fidélité ? L'ennemie qui résiste. Et reste à abattre. L'homme ou la femme sexuellement fidèle en finirait par être regardé avec le mépris dont certains se permettaient de tancer, naguère, les puceaux ou les vierges... La démolition du couple génère de mystérieux profits, peu importe que les victimes en soient le plus souvent les femmes et les enfants d'abord.

À la manœuvre, depuis quelques années, le site Gleeden[1] est sorti du bois avec ses incitations aux « délices de l'adultère », sur fond de pomme croquée. Pour faire sa pub, en janvier 2014, le « site de rencontres extra-conjugales » a publié les résultats d'une enquête l'autorisant à se délecter, sur le mode de l'inéluctabilité, de la forte croissance, majoritairement masculine, de l'infidélité sexuelle. Cette infidélité reste pourtant minoritaire : selon l'Ifop, dont Gleeden a payé la prestation, « la proportion de Français ayant déjà été infidèles au cours de leur vie a progressé de manière continue au cours des quarante dernières années, passant de 19 % en 1970 à 30 % en 2001 pour s'élever désormais à 43 %[2] ». Malgré cette « progression » en forme de régression, la fidélité

1. Gleeden.com se revendique comme le « 1er site de rencontres extra-conjugales pensé par des femmes ».

2. Ifop, « Observatoire Gleeden de l'infidélité – enquête sur les perceptions et les comportements des Français en matière d'aventures extra-conjugales », 21 janvier 2014, http://www.ifop.com/?option=com_publication&type=poll&id=2471

reste donc une valeur majoritaire. D'ailleurs, 68 % des Français croient encore possible de rester fidèle à la même personne toute une vie. Gleeden et l'Ifop le précisent, comme pour constater qu'il reste une vaste cible à conquérir. Les infidèles se recruteraient surtout parmi les hommes, car les hommes et les femmes n'en auraient «pas la même perception», nous explique-t-on pudiquement. Les femmes sont donc davantage les victimes de cette mauvaise farce. Les hommes aisés seraient plus enclins à l'adultère... qui resterait, nous dit-on, une valeur de gauche, plus que de droite. On saura tout. Faut-il en appeler à la morale pour la consacrer comme valeur universelle de la République ? Une grande voix s'en est récemment mêlée, celle de Johnny Hallyday[1] qui a déclenché le buzz convenu : «Tout homme a le devoir absolu de tromper de temps en temps sa femme, ne serait-ce que pour lui prouver qu'il l'aime tellement qu'il revient vers elle !», a expliqué en expert l'«idole des jeunes». Sa conclusion dénie toute virilité aux époux fidèles : «Et puis aucun mec ne peut baiser que sa femme !» La vulgarité sexiste a fait bondir les féministes.

Côté épouse, pourtant, ça fait mâle sans faire mal... Lætitia Hallyday le confesse, cette fois à *Paris Match*[2].

1. Johnny Hallyday et Philippe Manœuvre, *La Terre promise*, Fayard, 2015.

2. Benjamin Locoge, «L'infidélité de Johnny m'a beaucoup aidée», *Paris Match*, 3 novembre 2015, http://www.parismatch.com/People/Musique/Johnny-un-nouveau-disque-Laeticia-Halliday-Notre-amour-est-insubmersible-862919

L'hebdomadaire titre son entretien : «L'infidélité de Johnny m'a beaucoup aidée». Dans l'interview, l'épouse va jusqu'à remercier son «animal» (*sic*) de mari pour ses frasques : l'infidélité de Johnny l'a «incitée à [se] remettre en question, à être beaucoup plus féminine». Les femmes trompées n'ont qu'à s'en prendre à elles-mêmes, tout en manifestant de la gratitude pour l'infidélité qui les a forcées à changer. Ce modèle de mâle dominant se propage, à revers des légitimes combats féministes.

Haro sur le couple!

Pour les adeptes du polyamour, la tromperie est dépassée. Ils nous proposent un monde meilleur. L'une de ses figures les plus significatives, le sociologue Daniel Welzer-Lang, mérite le détour. S'escrimant à récuser toute domination machiste liée au «système hétéro-patriarcal» millénaire qui conditionnerait l'homme à devenir violent, il conteste l'idolâtrie de la virilité dont les hommes comme les femmes sont victimes. En partant de constats sensés (sur la violence des hommes, les brimades sexistes et le machisme), il aboutit, étape par étape, à faire s'écrouler tout l'édifice de la famille fondée sur la fidélité sexuelle. Il n'est pas anodin que son approche libertaire flirte avec la ligne rouge : «Jamais la société n'a été aussi loin dans le contrôle moral des individus», estime ce professeur à l'université de Toulouse, avant d'illustrer son propos : «En ce qui concerne les photos pédophiles, nous disposons même de lois qui punissent à l'avance l'intention ou le fantasme des personnes[1].» On sent que l'auteur n'apprécie pas les limites.

Les étapes suivantes de son raisonnement le confirment. Elles méritent d'être synthétisées. Sus à la famille d'abord, pour l'expert, qui s'attache au passage à respecter scrupuleusement une grammaire «non genrée» : «Le couple nucléaire, dernière invention de la famille, a encore de fervent-e-s défenseur-e-s. Il est pourtant le lieu de tous les dangers pour les femmes.» Les hommes aussi en sont victimes, explique-t-il ailleurs, car la femme, maternelle, le contraint «à la fusion permanente» qui l'infantilise. Sa solution? Oublier la fidélité et la jalousie qu'elle induit, vivre seul et adopter le libertinage des couples libres, «où la sexualité "récréative" est dégagée des implications conjugales». Notre expert suggère d'imiter en cela les «couples gays» qui sont pour ainsi dire les modèles. D'acquérir surtout «la culture de la séparation»... Le militant passe aux aveux : «Et si on décrétait la mort du couple? Et si ce couple était déjà mort?» Comme Dieu, en somme. Issue logique de Mai 68 (dans la même veine, sa plume condamne logiquement les religions : «Par l'imaginaire social qu'elles développent, les Églises, à n'en pas douter, sont des citadelles à déconstruire entièrement»). Pour «quitter» leur funeste virilité, Daniel Welzer-Lang incite pêle-mêle les hommes à «s'ouvrir aux hommes», à adopter des pratiques sexuelles qui ne les différencient plus des femmes ou qui

1. Daniel Welzer-Lang, *Nous, les mecs. Essai sur le trouble actuel des hommes*, Payot, 2009.

leur ressemblent, à «dépasser le deux» pour adopter «le multiple, le pluriel». Car ces unions libres «semblent engendrer moins de souffrances» (*sic*). Et voilà qu'arrive ce polyamour, sans distinction de sexe, sans engagement, sans contrainte et sans tabou. Le sociologue avance, presque en mode témoignage : «Étonnant comme notre corps, nos orifices s'ouvrent en même temps que nos imaginaires sociaux.» Puis vient l'estocade quand une pratique sexuelle crûment présentée est qualifiée de «postmoderne». Notre expert invoque alors le maître, Foucault, pour nous inciter à la créativité érotique. Son «appel au libertinage» part d'un constat prometteur : «Le mouvement actuel de désacralisation de la sexualité n'a pas encore abouti.» Son dernier conseil aux hommes : «devenir *queer*», pour dépasser «le genre, système rigide, aliénant». La démonstration – la déconstruction – a le mérite de tout attacher, pour tout mettre à terre. Famille, couple et sexualité, cul par-dessus tête.

Par essence, la bisexualité culturelle dans laquelle s'inscrit Welzer-Lang renvoie l'idée du couple à l'expérience éphémère. Sa révolution sexuelle aboutie, il resterait à ramasser les morceaux. Ne parlons pas des enfants.

En réalité, la désacralisation du sexe est une utopie délétère où s'enferrent des personnes fragiles, jusqu'au dérapage le plus sordide. Faut-il évoquer le sort douloureux de quelques célébrités pour démonter l'illusion ? La façon dont on a célébré David Bowie, son ambivalence et sa «liberté» sexuelle montre à quel point le polyamour est devenu la référence dominante de la pensée unique.

On ne s'offusque plus que contre ceux qui oseraient s'offusquer. Pendant ce temps, pour la plupart des Français, amour et fidélité sexuelle font bon ménage.

Écologie de la sexualité

La rencontre intime des cœurs et des corps exalte les possibilités créatives des êtres humains. Faire l'amour en étant ouvert à la vie deviendrait presque un privilège. Sommet d'écologie du couple.

Mais que fait donc l'amour dans cette affaire ? L'expression met la barre au plus haut de ce à quoi l'humanité aspire. Comment ne pas la décevoir ? La relation sexuelle est le lieu par excellence du retour aux sources du corps, de sa redécouverte, de son langage, de sa fécondité, de sa spiritualité aussi. Plus de barrière physique entre deux êtres, plus de distance, plus d'obstacles à la « blessure de la rencontre ». Il faut une sacrée dose de confiance réciproque pour prendre de tels risques, celui de se donner.

Le sexe nécessite une infinie délicatesse. Un langage à inventer à deux, qu'il soit verbal ou non verbal, pour favoriser le plus grand respect mutuel, en raison de l'égale dignité de ceux qui s'unissent. Plutôt que d'une avalanche de conseils hygiénistes de précautions voire de protections réciproques, plutôt que d'une injonction intrusive à entrer tôt dans la vie sexuelle en évitant au maximum une conception, qui en est pourtant l'issue possible la plus écologique qui soit, les plus jeunes ont besoin de comprendre l'enjeu déterminant d'une telle rencontre. Pour s'y préparer, sans s'y précipiter.

Comment se définirait une sexualité « bio » ? Libérée des produits chimiques et artificiels, elle privilégie l'harmonie conjugale et la relation durable. Sans céder à la surenchère technique ni à l'injonction de la performance. Chacun s'attache à considérer l'autre comme une personne et se garde de le traiter comme un objet. Ni pudibonde ni soumise aux diktats libertaires, cette sexualité est d'autant plus créative qu'elle combine désir et fidélité, pour faire grandir l'un et l'autre par la connaissance et l'épanouissement réciproques. Visant la communion des corps et des cœurs, dans leur complémentarité, l'aventure du couple est un projet de construction commune. La sexualité devient la clé de voûte d'une amitié conjugale.

Un courant de retour à la nature intègre à cette sexualité le respect du cycle féminin, utilisant l'alternance naturelle des périodes de fécondité et d'infécondité pour harmoniser plaisir partagé et procréation responsable. On redécouvre l'écologie du corps humain. De nouvelles techniques d'assistance naturelle à la procréation prennent en compte les couples dans leur globalité, avec de bons résultats dans la lutte contre l'infertilité. Par ailleurs, la chimie contraceptive peut être remplacée par des méthodes naturelles de régulation des naissances modernisées, particulièrement appropriées aux couples stables. Leur résultat équivaut à celui de la contraception chimique, sans les inconvénients de prises quotidiennes d'hormones de synthèse. Les hommes, souvent peu impliqués dans les démarches contraceptives, s'en trouvent responsabilisés.

Robotisation sexuelle

La révolution numérique s'est logiquement emparée de la sexualité. C'est classique : les entrepreneurs de la pornographie sautent sur la moindre innovation technologique pour l'adapter à leur industrie. Le marché est juteux. On parle de « boom de la sex-tech » avec de multiples applications, soit à usage individuel, soit présentées comme utiles au couple. Les premières sont des sophistications robotisées des livres ou des films pornographiques visant à donner à ceux qui les consomment l'illusion d'une véritable relation sexuelle. Le résultat se vit dans la solitude d'une relation 100 % virtuelle. Escalade d'asservissements en vue. À force de succédanés, la réalité peut paraître aussi pâle que risquée. Coupé de toute relation, l'artifice fait obstacle à l'épanouissement intégral. D'autres innovations permettront, dit-on, de singer une relation sexuelle à distance. Leurs appareillages seront à la sexualité ce que le robot chirurgical manipulé à distance est à la médecine. Sauf que la sexualité déléguée à une machine est cruellement appauvrie, en étant arrachée à l'intimité des corps. Une relation sexuelle est à la fois beaucoup plus simple et infiniment plus sensible qu'une intervention médicale.

L'anthropologue Kathleen Richardson, qui s'intéresse à l'éthique de la robotique, plaide contre l'usage des robots pour le plaisir sexuel, estimant que ce n'est qu'un avatar de la prostitution dont souffrent déjà des femmes, mais aussi des hommes et des enfants[1]. À l'inverse, Marcela Iacub s'étonnait dans une tribune du 20 mars 2015 que l'on ne crée pas tous les outils robotiques capables d'assouvir toutes les déviances sexuelles : « Loin de ne concerner que la vue, cette nouvelle pornographie pourrait aussi agir sur le toucher. Ainsi, les créatures virtuelles pourraient provoquer des sensations les plus réalistes qui soient[2]. » La proposition de celle qui a médiatisé sa relation avec Dominique Strauss-Kahn affirme vouloir lutter contre les crimes sexuels en partant d'un présupposé : « Les êtres humains ne sont pas maîtres de leurs désirs. » La perspective ouverte n'est pas loin du film *Matrix* : « Une telle société bâtirait des centres fantasmatiques de synthèse ouverts vingt-quatre heures sur vingt-quatre, les pervers de toutes sortes pourraient non seulement assouvir leurs désirs mais aussi se griser des nouvelles idées, discuter avec d'autres anormaux qui leur ressemblent[3]. » Depuis 1952, et une expérience de laboratoire accidentelle sur des rongeurs, on sait pourtant jusqu'où vont des rats disposant d'un dispositif permettant de se procurer artificiellement des orgasmes à répétition, grâce à un levier relié à une électrode branchée sur la région du cerveau

1. *Cf.* Dr Kathleen Richardson, « Intelligent Machines : Call for a Ban on Robots Designed as Sex Toys », BBC, 15 septembre 2015, http://www.bbc.com/news/technology-34118482

2. Marcela Iacub, « Satisfaire les pervers sexuels... virtuellement », *Libération*, 20 mars 2015, http://www.liberation.fr/chroniques/2015/03/20/satisfaire-les-pervers-sexuels-virtuellement_1225006

3. *Ibid.*

dénommée « aire septale » ou zone du plaisir. Certains spécimens vont jusqu'à activer ce levier cent fois par minute, préférant se priver de nourriture et de boisson jusqu'à ce que mort s'ensuive. Alors que l'offre technologique risque de conduire les plus fragiles à la surenchère mécanique de pratiques autocentrées avilissant la sexualité, sa régulation dans la chair du couple lui permet de prendre toute sa place et rien que sa place.

Grande prêtresse du « jouir sans entrave » – et experte en cochoncetés –, Marcela Iacub est admirable dans sa ténacité à déconstruire ce qui structure la société. Dans une autre de ses nombreuses tribunes consacrées à ce fervent ministère, elle s'attaque en toute logique à la fidélité sexuelle, réputée impossible. Le précepte de départ est un zeste angélique : « Si la sexualité était libérée de ses entraves, la vie ne serait que plénitude[1]. » S'appuyant sur les théories d'un certain Reich qui a calculé le nombre idéal de partenaires permettant de garantir l'épanouissement sexuel, elle lui concède la possibilité de vivre en couple, mais seulement à partir de l'âge où l'irrépressible libido s'affaisse. Sans noter que c'est après le temps de la procréation... Encore une qui partage sa recette pour désapprendre la fidélité : « Avec quinze ou vingt unions, on connaît et on s'allie indirectement avec beaucoup de monde, ce qui est en soi une richesse. On pourrait rétorquer que ces mouvements sont source de grande instabilité. Mais à force de se répéter, ces ruptures

1. Marcela Iacub, « Sex machines », *Libération*, 1er août 2014, http://www.liberation.fr/chroniques/2014/08/01/sex-machines_1074213

seraient moins douloureuses que pour nous, pauvres réprimés. Dès que le désir commencerait à s'amoindrir, on serait mis en alerte. Et autour, chacun serait en train de se séparer à un ou deux ans près, et de former à nouveau un couple. Ainsi se dessinerait une société de gens perpétuellement amoureux et transis de désir. Jamais déprimés ni découragés ni suicidés mais pleins d'espérance grâce à ces molécules bienheureuses que produiraient leurs cerveaux[1]. » La promesse d'un tel nirvana se fonde sur une « anthropologie » qui mérite le détour : « Notre société nous traite telles des créatures pourvues d'une âme immortelle comme aux temps où Dieu existait. Alors que nous sommes des machines avides de bonheur et tout à fait capables de l'atteindre. Alors que nous sommes tout simplement des machines sexuelles[2]. » Nous voilà tous rabaissés au rang de robots compulsifs.

Outrancière et marginale, Marcela Iacub ? Pas si sûr quand on constate la façon dont la sexualité est expliquée aux plus jeunes. La politique de prévention des MST et des grossesses précoces est principalement hygiéniste. Elle conduit les pouvoirs publics et les associations qu'ils subventionnent à faire peser sur les jeunes une double injonction paradoxale : d'un côté, entrer très tôt dans une vie sexuelle « libérée » et biologiquement sécurisée, et d'un autre côté, s'interdire absolument toute grossesse. Pareille dissociation infantilise et déresponsabilise les

1. *Ibid.*
2. *Ibid.*

jeunes en se retournant surtout contre les filles, obligées de passer à l'acte à contrecœur, pour ne pas décevoir. Pareil rite initiatique favorise l'instabilité affective. Dès le début du XXe siècle, les premiers libertaires avaient théorisé l'encouragement à la sexualité la plus précoce, à l'âge de l'immaturité affective, dans le but de contrer le mariage stable, considéré comme un asservissement à perpétuité. Aujourd'hui, les libertins, que désole toujours la fidélité, poursuivent leur œuvre de colonisation culturelle sur les esprits fragiles. Ils tiennent, pour le moment, le haut du pavé.

Chasse aux tabous sexuels

Comme si les tabous étaient une espèce nuisible à éradiquer, on parle toujours d'effacer les derniers. Il s'agit juste de franchir une étape de plus pour nos « gentils » déconstructeurs acharnés à supprimer tous les interdits... Certains ne craignent pas de flirter avec le sordide, comme quand, dans un billet, une blogueuse encore estampillée *Libération*, Agnès Giard, s'attaque au tabou de l'inceste, en suggérant d'en « désapprendre le dégoût[1] », pseudo-preuve infecte à l'appui, puisée dans l'industrie pornographique. Notre blogueuse invoque par ailleurs les travaux d'un universitaire spécialisé dans les sciences de la communication, Jesse Bering. Honoré en 2010

1. Agnès Giard, « Faut-il interdire l'inceste ? », liberation.fr, 9 février 2016.

du titre de Scientifique de l'année[1] par l'Organisation nationale des gays et lesbiennes scientifiques et des professionnels techniques, Bering, également défenseur de la « pédophilie virtuelle », conteste l'existence d'un tabou universel de l'inceste, en proposant de « déconstruire les fonctions » du dégoût sexuel. Selon l'auteur d'un essai intitulé *Pervers. Nous sommes tous des déviants sexuels*[2], partenaire d'un travail de recherche sur l'explication des religions bénéficiant de 2 millions d'euros de la Commission européenne, « les sentiments de répulsion sont une façon de saper notre intelligence sociale qui va jusqu'à compromettre notre propre humanité ». Bref, le tabou de l'inceste serait... inhumain.

Faut-il jeter un dernier coup d'œil au fond de la fosse ? Pour achever de déshumaniser la sexualité humaine, quoi de mieux que de légitimer... la zoophilie ? Cette déviance a déjà débordé de l'univers de la pornographie où elle foisonne, puisque cette insatiable industrie est toujours avide de transgressions nouvelles et de sensations fortes. L'offensive continue de ses promoteurs s'est traduite, ces dernières années, par une succession de reportages et d'articles visant à instiller le trouble. Afin de combattre son rejet instinctif, ils tentent de la banaliser. Images mythologiques à l'appui, il s'agit de reconsidérer le sujet, quitte à susciter l'ambivalence.

1. National Organization of Gay and Lesbian Scientists and Technical Professionals, « Recognition Awards to Keasling, Bering, and Riley », 25 janvier 2010, http://www.noglstp.org/publications-documents/announcements/2010-10-2010-recognition-awards-to-keasling-bering-and-riley/

2. Jesse Bering, *Pervers. Nous sommes tous des déviants sexuels*, H&O, 2016.

Les déconstructeurs les plus audacieux sont ainsi à l'œuvre pour nous libérer du « dernier tabou » et de l'interdit qui lui est associé... Le fondateur de l'antispécisme, Peter Singer, estime que les ébats sexuels entre l'homme et l'animal ne sont pas intrinsèquement immoraux, dès lors qu'il n'est fait aucun mal à l'animal. Le philosophe des « droits des animaux », qui estime que l'homme n'est qu'une bête comme une autre, dénonce l'« anthropocentrisme » d'une récusation complète. Les pratiques zoophiles restent pourtant considérées par la plupart des pays comme relevant des lois réprimant la cruauté envers les animaux ou les « crimes contre la nature ». L'interdit de la pratique zoophile a même été explicité en France en 2004 : se rendre coupable de sévices « de nature sexuelle » envers un animal, qu'il soit domestique, apprivoisé ou tenu en captivité, est puni de deux ans d'emprisonnement et de 30 000 euros d'amende. L'Allemagne a suivi en février 2016 : sa cour constitutionnelle a validé l'interdiction de la zoophilie au nom de... « la protection du bien-être animal » face à des « actes contre nature » ! On aurait préféré l'invocation de la dignité humaine. Car l'homme dégringole dès qu'il se prend pour un singe.

Comme pour les autres sujets, la recette de la déconstruction sexuelle est celle de l'agit-prop. Secouer, choquer, laisser retomber, accoutumer, avancer encore. Elle restera toujours inachevée. Pour récuser toute idée de norme, il faut sans cesse replacer les marges au centre du débat. Quitte à payer de sa personne, à l'image de la géographe Rachele Borghi, maître de conférences à

Paris IV. En spécialiste de la « géographie de la sexualité », la militante *queer* prône la déconstruction de sa propre matière : il s'agit, se justifie-t-elle, de « questionner le caractère hétéronormatif de la discipline géographique et de l'institution universitaire ». Adepte des performances de « dissidence sexuelle », l'enseignante peut, de sa chaire, s'effeuiller de haut en bas, au cours d'une conférence[1], pour terminer toute nue, présentant son arrière-train comme « laboratoire de pratiques démocratiques ». On retrouvera notre experte en 2015, à la Queer Week de Sciences Po Paris. Instauré en 2010 sous le règne de Richard Descoings, l'événement impose chaque année ses visuels glauques à tous les étudiants. L'image psychédélique d'une sexualité *no limit* fascine... Il ne faudrait pas oublier qu'en ciblant les plus jeunes, elle vise à détruire le couple et la famille.

Mais les êtres humains, dans leur immense majorité, sont attachés à la maternité corporelle, à leur famille et... à leur sexe ! Viscéralement. Ces fragiles trésors du patrimoine commun de l'humanité – et donc de chacune de nos histoires personnelles – sont vilipendés par les chantres de la déconstruction : chacun parle de désapprendre, déconstruire et démonter, preuves sociologiques à l'appui. Car tout n'est à leurs yeux qu'élaborations contestables, conventions liberticides et stéréotypes abusifs. Chaque démolisseur visera la cible que lui désigne son champ

1. *Cf.* Rachele Borghi, « De l'espace genré à l'espace "querisé", quelques réflexions sur le concept de performance et son usage en géographie », travaux et documents de ESO, vol. 33, p. 109-116.

universitaire, sans craindre de sombrer dans l'anthropofolie. La société sera tour à tour qualifiée de naturaliste, familiariste, patriarcale, sexiste, hétérosexiste, hétéronormée, biphobique, transphobique, queerphobique, intersexephobique, anthropocentrée, spéciste, etc. On en débattra entre militants érudits déguisés en experts objectifs comme lorsque Éric Fassin, Louise Déjeans et Irène Théry planchent sur le thème « Vers une dénaturalisation du genre, de la sexualité et de la famille[1] » au congrès de l'Association française de sociologie.

C'est l'idée de nature humaine qui est ultimement contestée. Il faut nous en li-bé-rer. Pour commencer le démontage de la maison commune, on attaquera le toit protecteur, car chacun sait qu'un édifice ne tient pas longtemps lorsque sa couverture s'est effondrée. Sus donc, en priorité, à la maternité et à la famille, avec l'altérité sexuelle en ligne de mire.

Jusqu'à ce qu'une salutaire révolte anthropologique réveille la France.

1. Louise Déjeans, Éric Fassin et Irène Théry, 6e congrès de l'Association française de sociologie (AFS), « Vers une dénaturalisation du genre, de la sexualité et de la famille ? », 2 juillet 2015, https://www.canal- u.tv/video/afs/vers_une_denaturalisation_du_genre_de_la_sexualite_et_de_la_famille_semi_pleniere_avec_la_participation_de_louise_dejeans_eric_fassin_et_irene_thery.20121

DEUXIÈME PARTIE

LE RÉVEIL FRANÇAIS : RÉVOLUTION ANTHROPOLOGIQUE

4

La force d'un mouvement social

L'histoire de France est ponctuée par les rébellions. L'embrasement survient quand le peuple – du moins une proportion significative – estime en conscience que le pouvoir en place abuse de ses prérogatives ou trahit sa confiance. Certains mouvements sociaux majeurs ont provoqué des ruptures brutales, d'autres ont entamé les tournants essentiels de notre histoire. Pendant des siècles, l'effervescence française a eu une influence significative sur le reste du monde. « Ce qui se passe en France » est toujours observé, attendu et souvent imité.

Le jaillissement du mouvement social qui a bousculé la France au début du quinquennat de François Hollande ne fait pas exception. Il est même, à bien des égards, inédit. Contrepoint à la révolution bourgeoise-libertaire de Mai 68, il marque la vitalité d'une nouvelle écologie humaine, tant par son origine mystérieuse et ses motivations profondes que par sa durée et ses perspectives. Il est temps de reconnaître ce que signifie et promet un mouvement social d'une ampleur telle qu'il n'en existe que quelques-uns par siècle. Il est temps, pour ceux qui ont participé à cette aventure, de prendre conscience qu'ils sont en train de changer l'histoire.

La rue, ferment de l'histoire de France

Des centaines de milliers de personnes sont bel et bien descendues dans la rue, toutes générations confondues, avec une représentation magistrale des plus jeunes. Toutes se sont montrées, pendant des mois, aussi « décomplexées » que déterminées. Dur à admettre pour la caste des vétérans de Mai 68 qui pensait avoir assis sur le jeunisme et l'occupation de la rue sa domination idéologique. À force d'entretenir leurs errances adolescentes, tout en s'accrochant à leurs privilèges politiques, économiques et culturels, les anciens camarades de Daniel Cohn-Bendit, disséminés là où fleurissent les manettes du pouvoir, ne se sont pas vu vieillir ni s'embourgeoiser. Encore moins perdre à ce point le contact avec la réalité sociale. Les voilà sévèrement contestés sur leur propre terrain d'émergence, celui des mœurs, par un mouvement social d'ampleur historique, surgi de nulle part.

En France, l'occupation de la rue est essentielle. C'est là que s'affrontent les grands courants de pensée qui auront, le moment venu, une traduction politique. C'est là que les intellectuels se confrontent au peuple, pour émerger ensuite dans les médias. C'est là que se forge la conscience politique des futures élites. C'est là que le débat médiatique trouve sa source. Aussi étrange que cela puisse paraître aux adeptes de la séparation entre le corps et l'esprit, les convictions montent largement par les pieds. C'est en marchant publiquement, en (se) manifestant, en défilant ensemble, qu'on éprouve son appartenance à la nation, qu'on se sent solidaire des autres, qu'on se relie à d'autres groupes, qu'on négocie, qu'on établit des ponts entre ses diverses intuitions sociales, humanitaires et politiques. La rue est une extraordinaire école d'instruction civique. Et d'engagement social. En France, la rue incarne et nourrit l'engagement. Elle fait perdre aux manifestants beaucoup de naïveté vis-à-vis du monde politique et médiatique par lequel, jusqu'alors, ils imaginaient avoir accès à l'information crédible.

Manifester apprend aussi à argumenter. Celui qui descend pour la première fois dans la rue pour défendre ses convictions éprouve souvent une émotion qui le change durablement : la joie d'avoir enfin payé de sa personne pour s'affirmer comme citoyen engagé. Quand il manifeste contre l'injustice, il en ressort avec la fierté du devoir civique accompli. Il faut donc mesurer la progression effectuée par des centaines de milliers de personnes de toutes les générations, par le seul fait d'avoir battu le pavé pour une même cause, à de multiples reprises, sans se lasser, tenant tête au pouvoir en place, tout en investissant les réseaux sociaux avec une intensité inégalée, pendant plus d'une année. Une multitude de personnes ont ainsi été formées, unifiées, motivées.

La rue, lieu de fraternisation

Derrière les banderoles, des rencontres fraternelles inédites rapprochent ceux qui ne se connaissaient pas. S'y croisent des «communautés» qui s'ignoraient voire se craignaient. Rien n'est plus dangereux pour le pouvoir en place que la «jonction» des protestataires autour d'une cause commune. Dans les manifestations peuvent naître des amitiés improbables à haute fécondité politique. L'occupation de la rue fonctionne comme un médiateur de la mixité sociale, de la diversité, de l'accueil de la différence. Ce fut vrai en 2013 entre chrétiens, de diverses dénominations, juifs, musulmans et athées. Le signal faible – de ceux qui ont le plus fort impact – est assurément venu des milliers de musulmans : la plupart sont sortis dans la rue pour la toute première fois. Fermes et tranquilles. Agissant en citoyens ordinaires, avec d'autres. Capable de dire «non» à celui qu'ils avaient majoritairement élu. Ils se sont sentis citoyens, heureux de trouver d'autres Français capables de récuser la neutralisation sexuelle et l'idéologie du genre. Par ailleurs, à mille lieues du communautarisme LGBT, la présence continue de porte-parole homosexuels en tête des manifestations pour la famille en a fait un laboratoire contre l'homophobie véritable (peur ou haine de l'autre), ne serait-ce que par les échanges que suscite la fraternité d'engagement.

Après plusieurs années, à l'heure où la peur de la différence fait peser sur la France un risque de fragmentation et de violences intercommunautaires, alors que la

République ne sait plus comment envisager la place de la minorité musulmane, l'expérience de cette fraternisation de Français de différentes confessions autour d'une cause commune devrait faire réfléchir, même ceux qui doutent de la possibilité d'un islam respectueux de la femme. Si on ne reconnaît pas la réalité de l'altérité sexuelle, comment peut-on demander aux musulmans de faire avancer la reconnaissance d'une égale dignité entre l'homme et la femme ? Forcer la confusion des genres fait obstacle à l'émancipation des femmes. Imposer l'idéologie du genre à l'école, c'est bloquer toute perspective d'intégration en favorisant le communautarisme « de réaction ». Vidées de toute objectivité anthropologique, les « valeurs de la République » sont exsangues. Et vaines. Elles fonctionnent comme un repoussoir.

La rue, école de démocratie

La participation massive à un mouvement social induit une montée en puissance des compétences démocratiques. Dans *La Société en action*, essai collectif sous-titré *Une méthode pour la démocratie*, est décrite « cette conception de la culture démocratique, qui se déploie chez les personnes ordinaires, c'est-à-dire sans qualification particulière. [Elle] fait intervenir des dynamiques de montée en compétence et à travers lesquelles celles-ci vont co-instruire des problématiques complexes qui les affectent[1] ». Comment définir cette

1. Danièle Bourcier, Gilles Hériard Dubreuil et Sylvain Lavelle, *La Société en action : une méthode pour la démocratie*, Herman, 2013.

«problématique complexe» qui aurait «affecté» (et affecterait encore) les participants du mouvement social au point de les avoir réunis pour la «co-instruire»? La conscience ou l'intuition d'un «risque anthropologique majeur». Ce risque peut être synthétisé ainsi : une nouvelle culture prométhéenne menace désormais l'humanité dans «le sanctuaire de son identité», selon l'expression utilisée par Jacques Attali dans sa tribune de janvier 2013[1], écrite au lendemain de la première manifestation nationale.

Quand elle est utilisée comme porte-voix de l'altruisme, la rue produit des citoyens plus conscients, plus mûrs, plus impliqués dans la cité.

En 2013, des dizaines de milliers de jeunes sont ainsi tombés amoureux du bien commun. Peut-être certains ont-ils négligé leurs études, en s'investissant nuit et jour dans la cause qui les étreignait, mais ce fut pour en sortir renouvelés et grandis. L'engagement a forgé des tempéraments, fait grandir en capacités individuelles un grand nombre de personnes, pour finalement rendre un immense service à notre démocratie : emplir les cœurs du souci de la dignité humaine et du bien commun. Voilà des citoyens qui tiendront désormais tête à ceux qui voudraient les manipuler! Parce qu'ils ont acquis suffisamment d'expérience, de savoir et de détermination pour ne plus se laisser abuser. Que vaut-il mieux pour la vitalité de notre société? Des citoyens soumis aux vagues émotionnelles que mesurent les sondages

1. Jacques Attali, «Vers l'humanité unisexe», Slate, *op. cit.*

d'opinion, prêts à changer d'avis au premier argument factice venu ? Ou bien des citoyens qui éprouvent leurs convictions dans des lectures, des débats, des critiques, voire quelques heures de garde à vue, pour comprendre ce qu'ils croient ? Les responsables politiques eux-mêmes ne respectent-ils pas plus les personnes qui ont une structure de pensée assumée que ceux qui oscillent comme des girouettes ? Alors que les masses silencieuses, passives, versatiles et manipulables, celle des téléspectateurs compulsifs comme des abstentionnistes désenchantés, subissent leur destin, le monde change par les minorités actives, cohérentes et nombreuses. Les mouvements de rue qui durent révèlent ainsi quelque chose d'essentiel de l'état de la France. Les médias le savent bien, et sont forcés de les analyser. Ceux qui s'expriment sont impossibles à négliger.

Pour rendre compte du mouvement social, la plupart des chroniqueurs se sont toutefois fait l'écho de ce qui était le plus clinquant ou de ce qui correspondait le plus à leurs schémas de pensée, sans comprendre l'essentiel : ce qui se jouait dans les soutes, dans le cœur de chacun. Ils ont cherché en vain le « logiciel » du mouvement sans comprendre son émergence « organique ».

Spontané, anarchique, foisonnant

Tout mouvement social authentique répond à trois critères : spontané, anarchique et foisonnant. Celui qui est né de l'opposition à la loi Taubira est un modèle du genre.

Il fut d'abord spontané. L'empreinte de la véritable histoire est qu'elle agit par surprise. Or, personne n'avait envisagé l'immense résistance à la loi Taubira, s'éveillant au même moment, dans toute la France, prenant pratiquement de court ses propres organisateurs. Ils ont juste eu le mérite d'être là, « prépositionnés » pour canaliser le puissant désir de « descendre dans la rue » qui montait partout. Il faut avoir vécu le début du mouvement de l'intérieur pour mesurer à quel point le désir de manifester était irrépressible, « tripal ». Légitimement irréfléchi. Faut-il réfléchir pour « sentir » à quel point les repères anthropologiques qui nous fondent sont précieux ? C'est la famille qui nous explique, et non l'inverse. Amputer le mariage de l'altérité sexuelle, c'est le brouiller pour tous.

L'étincelle fut une première vague de mobilisation en régions, au travers des quelque soixante-quinze rassemblements du mois d'octobre 2012. Ils donnèrent le ton. Leur objectif : mettre l'enfant au cœur du débat en contestant le mensonge anthropologique infligé par l'idée d'une filiation homosexuelle. Puis ce fut l'embrasement avec les manifestations régionales de novembre. Déjà spectaculaires, notamment à Lyon et Paris. Cette fougue allait s'exprimer pendant deux ans par cinq énormes événements nationaux et des centaines d'autres dans tous les départements.

Si leur ampleur fut une surprise générale, c'est qu'un feu invisible couvait dans le terreau social, depuis longtemps. Une force protestataire s'était accumulée, prête à exploser pour rassembler ce qui était déjà un puissant courant de pensée, prêt à grandir davantage. La loi Taubira servit de détonateur à une force bien plus cohérente et plus durable que l'imaginaient tant ses partisans que ses adversaires. Soudain réveillée par le gouvernement comme un ours sorti de son hibernation, cette force n'était pas près de se recoucher.

Le mouvement social fut ensuite anarchique. Quoi qu'on en dise, il ne s'est pas inféodé à un chef. Il n'a appartenu à personne. Ses figures de proue et ses porte-parole successifs furent joyeusement dépassés par la foule. La plupart des observateurs extérieurs n'y ont vu que du feu, incapables de mesurer la vitalité naturelle de la protestation. Ils ont cherché à identifier l'institution qui devait être à la manœuvre. En vain. Les enquêteurs de la police de la pensée allaient vite se casser les dents sur le suspect numéro un : l'Église catholique. Le moindre connaisseur de son statut dans la société française sait pourtant qu'il n'est aucunement dans ses gènes de fomenter une rébellion. Son rôle fut autrement plus prophétique. Celui d'une source d'inspiration. Une prière[1] pour les élus, les familles et les enfants, proposée le 15 août 2012 par le président de la Conférence des évêques de France à l'occasion de la fête de l'Assomption, eut un fort impact spirituel. Mais les évêques de France se sont naturellement tenus à l'écart de toute stratégie opérationnelle. En laissant librement les « laïcs », chrétiens ou pas, à la barre.

1. http://www.eglise.catholique.fr/approfondir-sa-foi/prier/prieres-pour-notre-temps/369692-priere-pour-lassomption-2012

En tant qu'événement historique, tout mouvement social s'appuie sur des personnalités et des structures qu'il révèle, puis en fait émerger d'autres. Il bénéficie à ses débuts des personnes et des réseaux existants, des éclaireurs de conscience, des cadres formés et préparés. L'articulation de leurs talents et savoir-faire est indispensable pour galvaniser, fédérer et organiser l'énergie du peuple, et aussi pour communiquer... Puis le mouvement, en s'amplifiant, produit ses propres forces. Il est indomptable. Difficile d'accepter cette réalité : c'est l'âme de la France qui s'était réveillée. La révolution anthropologique était en marche.

Le mouvement social fut, enfin, foisonnant. Il fut porté dès son origine par de multiples entités, anciennes ou récentes. D'autres ont pris le relais, toutes neuves, souvent créées pour l'occasion. D'autres encore sont nées depuis. Le courant d'opposition à la loi Taubira est ainsi, dans son origine comme dans ses conséquences, bien plus vaste que la seule « Manif pour tous ». L'histoire retiendra bien sûr ce label emblématique rassembleur, comme on retient une « marque dominante ». Mais la réalité est plus vaste : des dizaines d'associations anciennes ou nouvelles ont préparé et accompagné un foisonnement continu, qui perdure.

De l'intime à l'altruisme

Imprévisible, le mouvement social né de la loi Taubira est toutefois explicable. Pour s'en tenir, à ce stade, à ses causes immédiates, il convient d'expliquer la raison pour laquelle tant de personnes se sont levées, quand d'autres ruptures sociétales n'avaient pas mobilisé à ce point. Le mobile spécifique de cette révolte explique sa portée anthropo-écologique : il fut à la fois intime et altruiste. On ne chatouille pas l'identité d'un être humain sans qu'il risque de se sentir profané. Les tenants d'une société individualiste atomisée pouvaient-ils comprendre que changer la définition du mariage à la demande de quelques-uns, c'était le dénaturer pour la totalité ?

Cette réforme ne concernait pas seulement une petite frange de la population. Elle pouvait toucher chacun au plus intime. En effaçant l'universalité du principe de l'altérité sexuelle dans la filiation, c'est toute l'identité anthropologique des Français qui était révisée, niée, piétinée. Nous l'avons vu, rendre père et mère interchangeables, c'était remettre en cause l'héritage symbolique de chaque homme et de chaque femme, tel qu'il lui est transmis par une généalogie qui respecte la parité homme-femme dans l'engendrement, depuis la nuit des temps. De même que la liberté révèle son prix à celui qui en est privé, de même la valeur extraordinairement précieuse de l'altérité sexuelle dans l'engendrement a sauté aux yeux de ceux qui découvraient que le gouvernement prétendait la rayer d'un trait de plume. Ils eurent un réflexe de survie. Beaucoup sentirent par ailleurs qu'on basculait aussi dans l'accélération de la toute-puissance prométhéenne, parce que, après pareil déni et pareille transgression, tout devenait possible.

Le mouvement social eut une autre marque, qui relève spécifiquement de l'écologie humaine, et qui explique sa durée et sa résilience : il était altruiste. Au contraire des mouvements de colère catégoriels dont les participants ont comme mobile de défendre leur intérêt personnel, celui-là défendait une vision de l'homme. Il s'agissait de transmettre aux générations futures les précieux repères anthropologiques dont chacun a eu la chance d'hériter. Le pouvoir politique, habitué à la dialectique de la lutte des classes et des conflits entre les intérêts, n'a pas la capacité de comprendre le mobile altruiste. Il ne voulut pas croire que des personnes en si grand nombre aient pu décider librement de tant (se) dépenser pour « monter à Paris » au nom des enfants de tous et de l'humanité de demain.

Le tropisme de la politique versatile

Stupéfaits par le surgissement d'un mouvement d'opinion qu'ils s'étaient acharnés à dissoudre, les commentateurs de la pensée officielle se sont bornés à tenter – *a posteriori* – une explication correspondant à leur système de pensée, à l'exception notable de Gaël Brustier[1]. Sociologues et politologues élevés à la sauce libertaire ont doctement traité les leaders du mouvement à la manière des entomologistes. Ils les ont disséqués en vase clos, en prenant soin de ne pas les inviter à donner leur

1. Gaël Brustier, *Le Mai 68 conservateur*, Éditions du Cerf, 2014.

avis. Au risque d'accumuler contresens et contradictions dans leur hésitation à leur faire endosser tantôt le costume du ridicule ringardisé, tantôt celui du dangereux réactionnaire. Les pragmatiques fonctionnaires du Service central du renseignement territorial (les ex-renseignements généraux) savent pourtant qu'il suffit de s'adresser au responsable d'un événement pour en comprendre la nature, l'ampleur et la motivation.

Le tropisme des politologues fonctionna avec cette logique, faisant la part belle à l'analyse politique, en oubliant que la véritable politique – celle qui vise à servir le bien commun – a largement déserté les partis. À les lire, les responsables des partis d'opposition étaient à l'origine et à la manœuvre de tout, et ils allaient tirer les marrons du feu. En réalité, aucun parti, aucun leader politique n'est capable de faire venir à Paris et descendre dans la rue pareilles foules. Des leaders politiques opportunistes ont surfé prestement sur cette vague, non sans maladresse, hésitations et volte-face. Seuls quelques parlementaires vraiment convaincus, avec de nombreux maires, la plupart anonymes, ont fidèlement défilé en conscience. Les ténors ne l'ont fait qu'occasionnellement, par calcul mimétique, cédant peut-être à la supplication de quelque conseiller. En temps de désenchantement généralisé, comme les papillons de nuit que fascine la lumière, les politiques sont d'autant plus attirés par les foules, les micros et les caméras que les occasions de paraître populaires se font rares. Quand aucun parti n'est en mesure d'organiser un grand rassemblement, toute occasion est bonne à prendre.

Les sociologues de la déconstruction ont donc décrit à l'envi la foule réactionnaire, intégriste, violente et homophobe qu'ils appelaient de leurs vœux. Pour passer à côté de l'histoire en marche, il suffit de voir, dans le début d'un commencement historique, le dernier relent d'un passé révolu, l'ultime spasme d'un agonisant... Cette France provinciale et rancie qu'on aime mépriser prétendait voler la rue aux bataillons libertaires, et à leurs inévitables casseurs, qui ont longtemps cru en détenir le monopole. Face au foisonnement des initiatives et des associations, les experts en multiplication des labels groupusculaires ont d'abord hurlé à la coquille vide. Avant de découvrir, hébétés, que des centaines de milliers de personnes faisaient déborder les coquilles de leurs prévisions. Ce devait être, à les entendre, une salve de bulles de savon dérisoires, remplies de vide, à explosion imminente, comme celle de la grenouille présomptueuse de la fable. On assistait, au mieux, au chant du cygne du ghetto intégriste. Car il avait vite fallu poser cette étiquette infamante pour décrédibiliser la révolte.

« Je perçois les choses de la façon dont je suis disposé ! », aurait souri Aristote, en fin connaisseur de l'âme humaine : habitués à faire passer des groupuscules libertaires pour le tout de la société, jusqu'à en perdre le sens du réel, les dénégateurs ne flairaient qu'une de ces supercheries dont ils sont coutumiers. Combien de leurs manifestations ont été annoncées à grand renfort de battage médiatique, soutenues par des dizaines de labels adulés par la pensée dominante... avant de se révéler microscopiques ?! Il y eut parfois moins de participants que d'associations organisatrices... Retombées pourtant garanties : l'habile photographe trouvera toujours un angle magique pour rendre un groupuscule photogénique. Nous détenons la preuve par Mélenchon[1].

Quant à Manuel Valls, tant comme ministre de l'Intérieur que comme Premier ministre, il a cru bon d'adopter la posture sécuritaire. Sa conformation politique souvent tranchée le conduit à désigner des boucs émissaires[2]. Prophétisant la violence des manifestants, dont il annonçait à l'avance la radicalité, il a tenté à plusieurs reprises de dissuader les familles de venir avec leurs enfants... tout en donnant aux forces de l'ordre d'étranges consignes de sévérité. Les manifestants ne se sont pas dégonflés. Ils sont venus, paisibles et tenaces.

Ni haine ni violence

Face à la surprise et à la puissance de la réaction qu'ils n'avaient pas envisagées, les promoteurs de la loi se sont aveuglément enfermés dans le déni, la dissimulation et la précipitation, pour passer en force. Leur agressivité et

1. *Cf.* Jim Jarrassé, «Polémique autour de la mise en scène d'une interview de Mélenchon sur TF1», *Le Figaro*, 2 décembre 2013, http://www.lefigaro.fr/politique/2013/12/02/01002-20131202ARTFIG00447-polemique-autour-de-la-mise-en-scene-d-une-interview-de-melenchon-sur-tf1.php

2. *Cf.* Henrik Lindell, «Pour Tugdual Derville, "Manuel Valls incarne la gauche répressive"», *La Vie*, 4 avril 2014, http://www.lavie.fr/actualite/france/pour-tugdual-derville-manuel-valls-incarne-la-gauche-repressive-03-04-2014-51632_4.php

leur mépris n'ont fait que renforcer la puissance protestataire. Faut-il rappeler les phrases assassines des rapporteurs de la loi à l'Assemblée nationale comme au Sénat ? Faut-il rappeler le rejet par le CESE (Conseil économique social et environnemental) de la plus grande pétition sur papier jamais réalisée en France dans le cadre de la prétendue « démocratie participative » ? La loi était votée à l'Assemblée. Ses promoteurs savaient, par expérience, que les mouvements d'opposition se dégonflent quand ce premier vote est acquis. Il n'en fut rien. Manuel Valls avait annoncé 100 000 personnes la veille de la manifestation du 24 mars 2013, autorisée seulement trois jours plus tôt. Ce fut le rassemblement record de la Grande Armée. La colère était alors à son comble. La journée aurait pu mal tourner. Elle fit naître les paisibles Veilleurs...

À l'issue d'un troisième rendez-vous monstre, le 26 mai, aux Invalides, le bilan de l'année 2013 laisse un contraste saisissant : d'un côté des centaines d'arrestations et de gardes à vue, de jeunes, d'adultes et même de personnes âgées, de l'autre un bilan de non-violence qui tranche avec la triste habitude des mouvements sociaux parisiens : zéro voiture brûlée, zéro vitrine cassée, aucune agression physique.

À l'image d'un Pierre Bergé sortant de ses gonds, les ennemis du mouvement social n'ont eu comme solution que de récupérer des faits divers sordides. D'abord une agression, celle de Wilfred de Bruijn, dans la nuit du 6 au 7 avril 2013, par une bande de délinquants multirécidivistes connus pour des vols, du trafic de stupéfiants et des faits de violence. La photo de la victime a circulé comme preuve indéniable de la violence de la « Manif pour tous »... Le démenti apporté par le procès n'a pas fait de bruit. Ensuite un meurtre, carrément, celui de Clément Méric, militant antifasciste, intervenu le 5 juin 2013 au cours d'une dramatique rixe entre extrémistes. Sans aucun rapport avec les manifestations contre la loi Taubira.

À cause de telles manipulations, des personnes homosexuelles ont malheureusement pu se sentir menacées par un mouvement dont ils n'avaient strictement rien à craindre. Il faut dire que le *black-out* avait été quasi total sur les porte-parole de la « Manif pour tous » concernés par l'homosexualité, avec, notamment, les militants de l'association Homovox[1] qui défilaient dignement en tête des cortèges pour affirmer que leur orientation sexuelle ne leur imposait ni de valider le fait que des enfants soient privés d'un père ou d'une mère ni de changer la définition du mariage.

Qu'une seule victoire du Paris-Saint-Germain en championnat de football génère infiniment plus de violence, de dégâts et de délits qu'une demi-douzaine de « Manif pour tous » monstres (sans compter toutes les autres) en dit long sur le caractère paisible du mouvement social. Pourquoi insister sur cette non-violence ? Ce n'est pas seulement pour la défendre contre les accusations mensongères du moment. Il convient de récuser le

1. Homovox se décrit comme un collectif d'homosexuels opposés à la loi Taubira, luttant contre la PMA-GPA et l'homophobie, qui accueille, soutien et écoute les personnes homosexuelles. Ils publient des témoignages vidéo.

glissement d'image insidieux que de tels mensonges génèrent au fil du temps dans l'esprit du public, voire des manifestants eux-mêmes. Il convient aussi de les protéger contre l'oubli de leur propre vertu. Une sage maxime garde la conscience de la manipulation : « Quand tu es accusé, ne convoque pas ton tribunal intérieur ! » Derrière l'engagement pour préserver le sens du mot « mariage » s'est esquissé un débat de fond sur l'amour. Conjugal, parental, filial. Les manifestants se sont exprimés au nom d'une conception de l'amour enracinée dans l'anthropologie du don. Ceux qui tentent de dénaturer leurs mobiles veulent qu'on se souvienne d'un « déferlement de haine ». La dialectique culpabilisatrice est typiquement stalinienne : tenter de réduire l'adversaire au silence en instillant la honte. Puis réinventer l'histoire pour les en effacer[1].

Une humble et légitime fierté habite les non-violents conscients d'avoir su recevoir les crachats sans maudire. « Quand ils ont soif, ils vont puiser chez Saint-Exupéry, chez Camus, chez Bernanos. Quand ils sont impatients, ils se souviennent de Mandela, de Wałęsa, de Václav Havel[2] », concluront « à chaud » deux journalistes biographes du mouvement social. C'est ainsi que se construit une société d'écologie humaine. Lorsque la répétition

1. En 2015, François Hollande met au crédit de son mandat l'absence de mouvement social majeur. http://www.ouest-france.fr/politique/hollande-il-admet-quil-naurait-pas-du-supprimer-la-tva-sarkozy-3653257

2. Vincent Trémolet de Villers et Raphaël Stainville, *Et la France se réveilla. Enquête sur la révolution des valeurs*, Éditions du Toucan, 2013, p. 280.

des cycles de violence a été bloquée par la ferme douceur des cœurs paisibles.

L'artifice de l'adoption pour tous

La loi controversée était emblématique de la déconstruction anthropologique. Christiane Taubira le revendiquait le 7 novembre 2012 dans une déclaration en forme d'aveu : « C'est une réforme de société et on peut même dire une réforme de civilisation[1]. » Qu'une loi censée provoquer un changement de civilisation ait fait réagir n'a rien d'étonnant. Pour faire avaler la pilule, ceux qui l'avaient concoctée usèrent d'une jolie désignation, aussi inexacte qu'imparable : « Mariage pour tous ». Il faut rappeler que derrière la façade décorée de la bannière « Mariage pour tous », l'appartement témoin cachait une pièce sombre, souvent passée sous silence : le droit à l'adoption d'enfants par deux hommes ou deux femmes. Un minimum d'honnêteté eût fait désigner la loi Taubira « mariage et adoption pour tous ». Les Français y étaient défavorables. La plupart n'ont vu que la façade. L'adoption homosexuelle impliquait l'effacement des notions de père et de mère, et le déni de leur complémentarité. Une dénégation des règles immémoriales de la filiation, elles-mêmes fondées sur la réalité

1. Bernard Le Solleu, « Mariage des homosexuels. Taubira détaille son projet », *Ouest-France*, 7 novembre 2012, http://www.ouest-france.fr/europe/france/mariage-des-homosexuels-taubira-detaille-son-projet-157402

biologique et génétique. En France, le mariage civil, contrairement à celui d'autres pays, inclut la possibilité d'adopter des enfants. Tout être humain n'allait plus naître d'un homme et d'une femme mais pourrait être réputé né de deux hommes ou de deux femmes, avec escamotage soit de sa mère, soit de son père. Cet énorme mensonge anthropologique explique l'opposition réitérée de Lionel Jospin, le Premier ministre du Pacs, à la loi Taubira.

Mais l'appartement Taubira n'était que le rez-de-chaussée d'un immeuble complet. Ses promoteurs entendaient le vendre tout entier aux Français. Les étages PMA et GPA pour tous devaient suivre. Le mouvement social en a dissuadé le gouvernement, de l'aveu même de ses ministres, mais les promoteurs n'ont pas désarmé. Nous sommes restés au milieu du gué.

À partir du moment où on légalise l'adoption pour tous, il faut une filiation pour tous. Prétendre offrir des enfants à adopter à de nouveaux demandeurs fut un premier mensonge magistral dont les spécialistes de l'adoption ont parfaitement conscience : ces enfants n'existent pas; ils doivent être « fabriqués », et artificiellement privés d'un de leurs parents.

Entre 2010 et 2015, le nombre d'adoptions internationales en France a été divisé par quatre et rejoint désormais celui de l'adoption nationale, avec environ 800 enfants confiés à l'Aide sociale à l'enfance tous les ans. Ce chiffre est le plus bas depuis le début des années 1980. Entre 2004 et 2015, le nombre d'adoptions a chuté de près de 80 %. Certains pays se sont fermés en apprenant que leurs enfants pourraient se voir attribués à deux hommes ou deux femmes. Dans son rapport de février 2015, l'Ined (Institut national d'études démographiques) estime que « le déclin des adoptions ne sera pas sans conséquence dans les pays d'accueil comme la France : on peut s'attendre à une augmentation des demandes de procréation médicalement assistée ainsi que de gestation pour autrui[1] ».

La solution qui s'impose pour les mariés homosexuels est artificielle : l'acquisition d'enfants à l'étranger, puisque aujourd'hui, en France, l'accès aux techniques de procréation médicalement assistée est réservé aux couples composés d'un homme et d'une femme souffrant d'infertilité... Il faut donc mesurer le dépit des personnes homosexuelles qui tablaient sur la loi Taubira pour devenir parents. Elles sont victimes d'un effet d'annonce déconnecté de la réalité. La source de l'adoption est tarie.

Dès lors, comment se fournir ? Les solutions que le désir d'enfant a fait imaginer sont un défi à la justice. Pour deux femmes, ce sera des « bébés Thalys », conçus de dons de sperme anonymes en Belgique. Cette pratique effacera toute trace de père. Ces enfants naissent en France, qui subventionne tout, bonne mère et bonne poire. Celles qui ont décidé de transgresser nos lois bioéthiques à l'étranger utilisent les mêmes lois pour obtenir les avantages sociaux que l'État providence attribue à la

1. Jean-François Mignot, *L'Adoption internationale dans le monde : les raisons du déclin*, Ined, n° 519, février 2015.

maternité, et même à la paternité, désormais confondus. Même principe pour les hommes. Les plus fortunés opteront pour des bébés de luxe, américains conçus au pays où tout s'achète ou se loue sur catalogue : les êtres humains et leurs mères porteuses. D'autres se rabattront sur des bébés *low cost*, importés des pays pauvres où la misère pousse les femmes à louer leur utérus... Précisons que des couples de sexes complémentaires dont la femme souffre d'infertilité ont ouvert ce chemin de la GPA... La seule différence est l'effacement de toute idée de maternité lorsque les commanditaires sont deux hommes.

Certains commanditaires de ces enfants victimes d'une maternité éclatée mettent la France devant ce fait accompli avant de la mettre en accusation : ils prétendent qu'elle fait des apatrides, et la traînent devant la Cour européenne des droits de l'homme. Le tourisme procréatif est donc le moyen, pour les tenants d'un droit à l'enfant, de revendiquer la légalisation de ces pratiques en France. Ils mettent la République en demeure de légaliser ici ce qui est légal là-bas. Technique bien connue du cheval de Troie. Suffit-il de prétexter que les pratiques indignes seront dignement effectuées en France ? Ce sera la prétendue « GPA éthique ». Faire éclore des êtres humains en laboratoire pour les déraciner et les rempoter en toute impunité, c'est ce déni d'écologie humaine que consacrent les suites de la loi Taubira. « Nous avons coupé les liens entre les parents et les enfants, entre l'homme et l'homme, entre l'homme et la femme », se vante l'agent de Big Brother dans le *1984* d'Orwell avant d'annoncer : « Les enfants seront à leur naissance enlevés aux mères, comme on enlève leurs œufs aux poules.» Nous l'avons vu, la prophétie se réalise aux États-Unis et ailleurs.

Si la loi Taubira est emblématique, c'est qu'elle accélère ce glissement vers un totalitarisme technologique dicté par les individus : deux hommes ou deux femmes exigent de la technique de leur fournir l'enfant que la nature leur refuse, sans respecter l'intérêt de l'enfant.

Jusqu'ici, le gouvernement n'a strictement rien fait pour protéger les enfants de ces conceptions artificielles qui constituent bel et bien une maltraitance originelle. Avec sa circulaire controversée, Mme Taubira a au contraire récusé toute mesure dissuasive en favorisant la reconnaissance des enfants «d'importation» par notre état civil, plutôt que de demander des comptes aux adultes responsables...

La dépénalisation rampante de la fabrication d'enfants sur commande est donc en marche. Ce que la loi ne peut plus faire, le lobby du droit à l'enfant table sur les mœurs pour l'imposer. Des professionnels de la procréation transgressent la loi bioéthique en toute impunité, et le revendiquent : «Nous, médecins, avons aidé des couples homosexuels à avoir un enfant, même si la loi l'interdit[1] », affirment 130 d'entre eux, le 17 mars 2016. Technique éprouvée du fait accompli en bande organisée.

1. Catherine Mallaval, «Un manifeste de 130 médecins en faveur de la PMA pour toutes», *Libération*, 17 mars 2016, http://www.liberation.fr/france/2016/03/17/un-manifeste-de-130-medecins-en-faveur-de-la-pma-pour-toutes_1440307

Certains osent avancer que l'enfant ainsi malmené serait mal inspiré de se plaindre d'avoir été traité comme un objet, à partir du moment où il doit la vie aux pratiques controversées. Dans leur toute-puissance, se croient-ils affranchis du temps ? Ils imaginent que la seule présence d'un être humain légitime tous les moyens préalables utilisés pour le faire naître. Ce genre d'argument pousse l'éthique « conséquentialiste » jusqu'à l'absurde : que le résultat soit une vie ne valide pas la manière dont elle a été conçue. Faut-il souligner à quel point il serait absurde – par exemple – de légitimer *a posteriori* une violence sexuelle, en arguant qu'elle a été féconde ! Ce serait faire de l'enfant une justification vivante de l'acte indigne qui a provoqué son existence. On ne pourrait plus contester le glissement vers la gestation en série, dans des incubateurs étatisés décrits par Aldous Huxley.

Les nôtres sont aimés, assène-t-on ? Certes. Mais c'est justement ignorer la propension qu'a l'affectivité à forcer la liberté. Si être aimé dans le cadre d'un mensonge anthropologique oblige la victime du mensonge à le cautionner, que devient sa liberté ? Nous ne sommes pas loin du processus d'attachement décrit sous le nom de syndrome de Stockholm[1]. L'amour appelle la vérité.

1. Le syndrome de Stockholm désigne un phénomène psychologique observé chez des otages ayant vécu durant une période prolongée avec leurs geôliers et qui ont développé une sorte d'empathie, voire de sympathie ou de contagion émotionnelle vis-à-vis de ceux-ci, selon des mécanismes complexes d'identification et de survie.

Vers le mariage pour personne...

Comment ne pas voir que l'immeuble Mariage pour tous est promis à l'effondrement ?

En prétendant faire cohabiter le mariage entre un homme et une femme avec le mariage homosexuel, c'est le mariage dans son ensemble qui perd tout son sens. Priver le mariage et la filiation de l'altérité sexuelle, c'est inoculer le ver dans le fruit. L'apparence est sauve. Elle dissimule le vide.

Certains ne se sont pas cachés de cette intention de vider le mariage de son sens... Signataire en 2004 d'un appel pour le mariage et l'adoption homosexuelle incitant les maires à désobéir en mariant des personnes de même sexe – ce qu'allait faire Noël Mamère dans sa mairie de Bègles –, le philosophe de la déconstruction Jacques Derrida a avoué, dans son dernier entretien au *Monde* publié la même année, quelques semaines avant sa mort, son souhait qu'on en finisse avec la « parenthèse conjugale » : « Si j'étais législateur, je proposerais tout simplement la disparition du mot et du concept de "mariage" dans un code civil et laïque. Le "mariage", valeur religieuse, sacrale, hétérosexuelle – avec vœu de procréation, de fidélité éternelle, etc. –, c'est une concession de l'État laïque à l'Église chrétienne – en particulier dans son monogamisme qui n'est ni juif, ni, cela, on le sait bien, musulman[1]. » Et le

---

1. Jacques Derrida, « Je suis en guerre contre moi-même », *Le Monde*, 18 août 2004, http://remue.net/IMG/pdf/Jacques_Derrida_entretien_avec_J._Birnbaum.pdf

philosophe de la déconstruction de proposer une « union civile » entre « partenaires de sexe ou de nombre non imposés ». Et de conclure : « C'est une utopie, mais je prends date. » Pour l'un des auteurs de sciences humaines les plus cités au monde, le « mariage gay » est donc pleinement compatible avec le désir affiché que le mariage civil soit supprimé... On notera au passage la dangereuse concession à la polygamie de certaines sociétés musulmanes, dix ans avant le *Soumission*[1] de Houellebecq.

Fallait-il envahir le mariage pour le détruire ? La loi peut-elle changer la définition d'un mot sans que tous ceux qui sont concernés par ce mot se sentent concernés par la loi ? À partir du moment où l'on considère que l'altérité sexuelle dans l'engendrement et la famille constitue le principal mur porteur de l'humanité, un précieux commun pour tous, on peut mieux comprendre le malentendu autour de la loi Taubira. Prenons, cette fois, l'exemple d'un immeuble en colocation. Les occupants du rez-de-chaussée se croient autorisés à démolir ce mur porteur qui les gêne, histoire de vivre, à leur niveau, dans un espace libéré de sa contrainte. À leurs yeux, cela ne regarde personne : c'est leur choix. Or, les locataires des étages supérieurs protestent. Les travaux du rez-de-chaussée ruineront tout l'immeuble : il va s'effondrer, avec eux, sur les occupants... du rez-de-chaussée. C'est le scénario qui se profile : le mariage pour tous aboutit au mariage pour personne. Pour l'avocate Caroline Mécary, qui l'estime « tout à fait envisageable », l'abolition du

1. Michel Houellebecq, *Soumission*, Flammarion, 2015.

mariage « est l'étape suivante » : « Pour pouvoir abolir le mariage, il faut d'abord que tout le monde puisse en bénéficier[1]. » CQFD.

Reconstruire la maison commune

Rassemblés pour protéger un mur porteur de l'écologie humaine de la grande démolition, les participants du mouvement social ont fait plusieurs découvertes majeures : non seulement ils n'étaient pas seuls, mais ils étaient extrêmement nombreux et déterminés, d'âge et de provenance diversifiés. En face, la loi Taubira n'était portée que par un petit nombre, alors qu'elle n'était qu'une étape – certes déterminante – dans un processus délibéré de déconstruction accélérée de la maison commune.

Ils n'allaient plus laisser détruire sans réagir les fondations essentielles de la vie en société. Peu importe l'apparente défaite législative (partielle, puisque PMA et GPA sont officiellement proscrits) : les protestataires s'inscrivent dans la tradition politique personnaliste d'Emmanuel Mounier, exprimée en 1935, en des temps également incertains : « Nous pensons qu'une certaine densité d'égoïsme, d'injustice et de mensonge veut qu'on la crie, si on ne peut pas la vaincre[2]. » Et peu importe aussi qu'ils

---

1. Caroline Mécary, avocate au barreau de Paris, festival « Mode d'emploi », à Lyon, novembre 2013.

2. Emmanuel Mounier, *Révolution personnaliste et communautaire*, Montaigne, 1935.

gênent quelques notables bien-pensants et bien installés, y compris parmi ceux qui partagent leurs convictions, parce qu'ils dérangent l'ordre établi : « Le désordre nous choque moins que l'injustice », écrivait Mounier.

Il est cependant essentiel de dépasser la dynamique protestataire, pour la compléter par une démarche plus globale, constructive. Les adversaires de la loi Taubira ne sont pas des militants comme les autres : si la cause qu'ils ont embrassée relève aussi de la défense de leur identité personnelle (d'hommes ou de femmes tous nés d'un homme et d'une femme), elle relève surtout de la promotion altruiste d'une anthropologie universelle dont dépend, à leurs yeux, l'avenir de l'humanité.

Au regard d'un tel enjeu, l'opposition à la loi Taubira peut faire figure d'escarmouche. Jacques Attali l'estime dérisoire et parle même d'« anecdote[1] ». Mais c'est un détonateur... L'affrontement anthropologique qui s'amorce pourrait bien se révéler une « guerre de cent ans ». Ce serait la grande confrontation du début du troisième millénaire. Non pas une bataille d'idées désincarnées, car il s'agit de déterminer la façon de concevoir et fabriquer l'homme de demain. Les progrès exponentiels des biotechnologies nous placent devant cette nouvelle responsabilité : « gouverner » comme le plus précieux de nos « biens communs », l'humanité elle-même.

Cependant, la plupart des manifestants contre la loi Taubira ignoraient encore à quel point leur engagement

1. Jacques Attali, « Vers l'humanité unisexe », Slate, *op. cit.*

n'avait fait que révéler la vitalité souterraine – et jusqu'ici méconnue – du personnalisme français, qui fait de la France un terreau propice à l'écologie humaine.

5

La France, terre d'écologie humaine

Pourquoi la France ? Que germe en son sein un puissant courant d'écologie humaine ne doit rien au hasard. Le pays puise dans ses forces vitales pour contrer une menace mortelle. Les jardiniers savent que certaines plantes « stressées » par une agression, qu'elle soit due au climat ou au sécateur, tendent à réagir par une floraison exceptionnelle. Salutaire instinct de survie propre à tous les vivants. Il nous faut donc examiner d'où vient la vitalité de la France, ressort profond caché dans son âme.

On a suffisamment glosé sur le déclin de la France pour ne pas en rajouter ici. L'exercice vise à retrouver le cœur de son identité, en puisant dans ses racines de quoi motiver son réveil. L'option positive est assumée : elle récuse tout fatalisme désenchanté.

Le pays des cultures

Commençons par contempler le territoire hexagonal. Plus que tout autre pays au monde, la France est un domaine jardiné, patiemment façonné par la main de l'homme. Sa biodiversité originelle, imparfaitement préservée, s'est doublée d'une diversité humaine stupéfiante : la France est métissée par ses régions. À partir de la vaste forêt primitive, le visage multiple de la France a surgi du travail des hommes, comme l'œuvre monumentale que le sculpteur fait émerger d'une pièce de bois brut qu'il honore du travail de ses mains.

Si la France est le pays des paysages, c'est en raison du temps qu'il a fallu pour intégrer l'homme à son environnement. Champs, haies, chemins, routes, marais, villages, villes, rives et rivages... La densité ingénieuse du maillage des routes – en dur – qui sillonnent le pays marque ses visiteurs. De la même façon, le Français est souvent surpris de la faiblesse de ces infrastructures de transport à l'étranger. Autre surprise pour le voyageur venu d'un pays lointain : par dizaines de milliers de pièces uniques de multiples styles et d'époque, châteaux et églises enluminent encore nos territoires, où ils sont de mieux en mieux préservés. Il ne s'agit pas seulement de grandes forteresses d'antan qui semblent épouser la majesté des montagnes dont ils jaillissent. L'historien Bernard Peyrous rapporte l'étonnement d'un Américain découvrant le raffinement, l'élégance et l'équilibre de la moindre grange, du moindre puits découvert au détour d'un chemin de France[1]. L'accumulation d'expérience, de savoir, de savoir-faire s'exprime dans des constructions dont la

1. *Cf.* Bernard Peyrous, *Connaître et aimer son pays*, Éditions de l'Emmanuel, 2011.

situation, les orientations, les ouvertures sont savamment étudiées en fonction de l'eau, du vent et du soleil.

Peu de peuples sont aussi profondément et diversement enracinés que le peuple français. Son attachement à la terre reste manifeste. D'ailleurs les Français comptent toujours sur leurs paysans pour être leurs paysagistes...

S'il est un endroit du monde où l'anthropocène (le temps de l'homme) se laisse voir, c'est donc bien ici. La France n'est plus sauvage, quels que soient les efforts louables réalisés pour préserver nos superbes parcs nationaux et réintroduire quelques espèces emblématiques, de façon plus controversée. Il suffit de voyager dans d'autres endroits du globe où de vastes espaces demeurent vierges pour assumer notre différence et mesurer son impact sur notre identité : là-bas, des rivières tumultueuses changent encore de cours d'une année sur l'autre, les animaux sauvages menacent encore la sécurité des promeneurs, et l'on peut voyager des jours, à pied ou à cheval, sans tomber sur une trace humaine. La France a, depuis longtemps, apprivoisé sa nature. Il faut dire que l'homme sillonne en tous sens notre Hexagone depuis tellement d'années qu'il l'a pour ainsi dire ratissé menu, ne laissant, pour reprendre La Fontaine, « nulle place où la main ne passe et repasse ». Fruits de son labeur, ses marques sont partout. En surface et en dessous.

La France reste donc le pays des cultures humaines, au pluriel. Elles façonnent le paysage : agriculture et patrimoine s'articulent à la nature en une harmonie et une diversité fascinantes, peut-être inégalées. Survoler la France, c'est découvrir l'œuvre d'un peuple jardinier.

Les « pays » se succèdent, avec leurs architectures et leurs habitats spécifiques, hérités des siècles d'adaptation aux ressources géologiques disponibles, aux multiples climats, et aux façons diversifiées de se relier, de se protéger et de travailler.

L'empreinte de l'homme

La France est d'abord humaine. Un pays « de marque humaine ». Le Français n'a ni l'âme conquérante d'un colon installé depuis peu de générations ni celle, instable, d'un voyageur prêt à passer dans les bras d'une contrée plus hospitalière. Il est bien chez lui, où il désire vivre en sécurité. La France est, de longue date, le pays dont l'homme est l'espèce dominante, quoique non exclusive. Les démographes estiment que, sur quelque 80 milliards d'*Homo sapiens* ayant déjà vécu, 3 milliards ont habité la France, et peut-être trois fois plus ! Pendant longtemps, la France a occupé le podium des pays les plus peuplés du monde. Sa situation privilégiée, son climat tempéré et la diversité de ses paysages expliquent son attractivité. Jusqu'à la fin du XVIIIe siècle, elle était le pays le plus peuplé d'Europe et le troisième du monde derrière la Chine et l'Inde. Désormais troisième d'Europe derrière la Russie et l'Allemagne, qui souffrent d'un hiver démographique, la population française a dépassé celle de la Grande-Bretagne au début de ce siècle. Sa relative vitalité étonne ses voisins...

La France essentiellement paysanne fut pendant des siècles l'épicentre démographique et culturel du Vieux Monde. L'écologie de nos territoires s'est longtemps adaptée à la présence de l'homme, à l'image des grands marais aménagés au fil des siècles – Camargue, Marais poitevin... – dont les canaux et les pâtures foisonnent encore de biodiversité. Avant de déplorer les défigurations récentes des paysages, il faut reconnaître que, en France, l'homme a, dans une grande mesure, embelli la nature par la culture. En les mariant à dessein, il a longtemps su concilier les équilibres naturels. Les systèmes des haies et des chemins creux retiennent l'eau, contiennent l'érosion, offrent des gîtes au gibier, préservent la végétation... Faut-il, par ailleurs, faire la liste des races d'animaux domestiques qui se sont multipliées sur nos terroirs, fièrement revendiqués ?

Malgré la diversité de ses anciennes provinces, la France est une. Indivisible. Depuis suffisamment de siècles pour que cette unité ne soit plus régulièrement remise en cause, comme elle l'est encore aujourd'hui chez la plupart de nos voisins : Allemagne constituée depuis assez peu de temps, et récemment réunie ; Espagne, Belgique, Italie et Grande-Bretagne encore confrontées à des fractures qui menacent leur unité. Même la Suisse paraît étrangement multiple vue d'une France centralisatrice, unie autour d'une seule langue et d'une incontestable capitale. Notre identité géographique et politique est stabilisée depuis longtemps.

Pourquoi s'attacher à la France ?

La France attire. Elle est installée depuis plusieurs décennies comme toute première destination touristique mondiale avec 85 millions de visiteurs en 2013, loin devant les États-Unis, l'Espagne, la Chine et l'Italie. « Douce France ! », semblent répéter, non pas seulement ceux qui chérissent le pays de leur enfance, mais une foule d'autres Terriens qui s'y précipitent pour admirer son patrimoine, et parfois finissent par s'y établir.

Pourquoi un tel engouement ? Il est peu probable que la plupart des touristes qui visitent la France soient d'abord épris des Français. La controverse sur notre amabilité est ancienne et récurrente. Au temps de Louis XV, elle opposait déjà deux écrivains-voyageurs britanniques. Si Laurence Sterne jugeait notre peuple « loyal, brave, généreux, spirituel et de bonne humeur[1] », estimant même les Français « polis à l'excès » et finalement « trop sérieux », c'était pour s'opposer à l'appréciation grincheuse de son contemporain, l'Écossais Tobias Smollett. L'historien Charles Kunstler rappelle le verdict sans appel de ce dernier : « Les Français sont écervelés, paresseux, gourmands, vaniteux, ignorants, bavards, impertinents, vantards, salaces, et dignes en tout point d'être comparés à des singes[2] » ! Pareil contraste mérite

1. Laurence Sterne, *Voyage sentimental*, Jean-François Bastien, 1803, p. 149.
2. Charles Kunstler, *La Vie quotidienne sous Louis XVI*, Hachette, 1950.

d'être actualisé. Il reflète peut-être celui qui sépare encore aujourd'hui l'âme profonde de la France, tout en finesse, de sa traduction superficielle dans les querelles franchouillardes grossières et les joutes partisanes.

La France serait-elle plus fine qu'elle ne le croit ? L'amour galant, le protocole de la Cour, les salons intellectuels, l'université, les académies ont forgé un état d'esprit vif et curieux, qui perdure... En témoigne l'originale « conversation à la française ». À fleurets mouchetés, elle est implicitement codifiée pour durer sans blesser quiconque. Elle n'aborde que par la bande les sujets qui fâcheraient, restant pudique sur les postures sociales, politiques et surtout religieuses. Elle s'attache ainsi à ne pas gâcher la conscience de l'humanité commune. Ces codes, qui dessinent un art, peuvent surprendre l'étranger, plus direct ou plus débridé. L'âme française est toujours en quête de profondeur intellectuelle, d'équilibre, de respect, d'ajustement. Peut-être de vérité autant que de liberté, toutes deux emballées par des expressions d'amabilité qui firent les délices des comédies de Molière... « Je suis votre serviteur. »

Autre spécificité, au contraire de ses alliés d'outre-Atlantique, le Français récuse l'idolâtrie de l'argent, au point que ses revenus sont plus tabous que la nudité. Le salarié ne s'enorgueillit pas des zéros affichés sur sa fiche de paye. Il les cache. Il en aurait plutôt honte, comme s'il travaillait pour la gloire... L'esprit de service, chevaleresque, qui a façonné notre pays survit dans de multiples pans de la société : l'Administration où l'on se plaît à être « serviteur de l'État », l'éducation, qui paye peu, l'université ou l'hôpital où l'on ne cesse de chercher et de prendre soin...

Les communs de la France

D'où vient ce patrimoine immatériel de la France que suggèrent la richesse et l'unité de son territoire, et la spécificité de ses habitants ?

La France est un pays d'histoire. La constitution progressive et ancienne de notre identité fait de nous des héritiers profondément enracinés selon l'expression à la symbolique intégratrice « nos ancêtres les Gaulois ». Au contraire de plusieurs de nos voisins que les multiples recompositions du territoire privent d'une histoire commune, celle de France dépasse tous ses particularismes. Les tensions culturelles entre Nord et Sud, entre Est et Ouest, entre Parisiens et provinciaux, celles des accents et des caractères, sont davantage ressenties comme relevant du joyeux folklore de la diversité que de l'effritement du sentiment national. Aucune des grandes fractures meurtrières qui ont saigné notre peuple – guerres civiles, de Religion, mondiales – n'est parvenue à ruiner notre conscience d'être, avant tout, français. Au contraire.

Comme chaque histoire personnelle, l'histoire de France est une. Pas plus qu'on ne refait sa vie, on ne devrait prétendre refaire l'histoire, par amputation du passé. Max Gallo note cette exigence en posant en exergue de son livre *L'Âme de la France*[1] un jugement de Marc Bloch : « Il est deux catégories de Français qui ne comprendront jamais l'histoire de France : ceux qui refusent de vibrer au souvenir de Reims ; ceux qui lisent sans émotion le récit de la fête de la Fédération[2]. » Il suffit peut-être, pour renoncer enfin à tout faire commencer en 1789, de signaler dans les compétences du chef de l'État les survivances de notre passé monarchique – droit de grâce par exemple – qui expliquent la relation particulière que les Français nouent avec la figure présidentielle, quel que soit son discrédit.

Quant à la construction européenne, elle a paradoxalement renforcé le sentiment national. S'il faut chercher une motion de défiance séparatiste ou identitaire, c'est en effet plutôt celle de la France vis-à-vis de la superstructure européenne qui monte désormais.

Que reste-t-il, dans la vieille Europe détrônée depuis la Première Guerre mondiale, de ce que fut la grandeur démographique, militaire, économique, spirituelle de la France qui puisse lui conserver en un quelconque domaine la toute première place ? Une réponse s'impose : la culture ! Tant les vestiges de sa culture passée que sa vitalité actuelle. C'est logiquement que le siège de l'Unesco s'est installé à Paris en 1945.

Le rayonnement de la culture française est d'abord lié à celui de notre langue. Longtemps, sa subtilité et sa

1. Max Gallo, *L'Âme de la France : une histoire de la nation, des origines à nos jours*, Fayard, 2007.

2. Marc Bloch, *L'Étrange Défaite*, Franc-tireur, 1946.

richesse ont fait du français la langue diplomatique et savante, celle qu'on parlait dans les grandes cours d'Europe et qui occupait la première place des bibliothèques des érudits. Certes, la francophonie est déclinante, à l'extérieur de la France, mais la vitalité démographique de l'Afrique lui ouvre de nouvelles perspectives. À l'intérieur, ce sont les «humanités» qui souffrent. Ce terme désigne l'étude du grec et du latin anciens qui demeurent les sources de notre langue toujours en mutation. Mais la culture française continue de vivre. Elle s'exprime notamment par l'extraordinaire densité des festivals en tout genre qui foisonnent dans notre pays. Musique, théâtre, littérature, photographie, cinéma... Ils en font une terre de culture vivante. Le succès du tourisme s'explique aussi par une telle abondance.

Rien n'est plus nécessaire que la vitalité – osons dire la puissance – culturelle ! Face aux folies scientistes qui menacent d'empoisonner et même de dissoudre l'humanité, la culture véritable est l'antidote écologique par excellence. La culture vivante est intrinsèquement liée à l'humanité. En prendre conscience incite à accorder une place éminente à l'enseignement de notre histoire singulière et de notre magnifique langue. Antidotes à la fragmentation de la société, le français et l'histoire sont les deux matières d'enseignement autour desquelles les citoyens se soucient le plus naturellement : ce sont elles qui produisent le plus de commun. Avec le territoire national où l'on habite, la «terre natale» où l'on reposera, la langue et l'histoire sont les héritages communs des Français de naissance et d'adoption, les racines que nous partageons pour les prolonger ensemble.

Et puis la France est administrée. Rarement un territoire aura été aussi profondément maillé par les pouvoirs publics. Colbert et Napoléon sont passés par là. Si nous avons de bonnes raisons de nous plaindre de l'hypertrophie de l'Administration – ne serait-ce que par ses conséquences fiscales –, nous pourrions avoir quelques raisons de nous en réjouir. La versatilité des politiques qui nous infligent le spectacle de l'empoignade des nombrils n'est-elle pas compensée par la permanence de l'Administration ? La France est, tout aussi logiquement, le pays du droit. Un droit écrit, structuré, rigoureux, pointilleux. Ici encore, le constat est paradoxal : d'un côté, une accumulation – pour ne pas dire avalanche – de textes dont nul n'est censé ignorer le contenu. Au risque d'une existence virtuelle de bien des dispositions, même législatives... Mais, de l'autre, un système éprouvé de contre-pouvoirs qui a comme objectif d'éviter ces abus et confusions dont maints pays sont coutumiers. Notre droit aussi, malgré son inflation, contribue à la culture française. Né aux sources romaines de notre histoire, il contribue à unifier notre nation en nous protégeant du communautarisme et structure en profondeur notre culture.

Un dernier constat sur la culture française – pas aussi anodin qu'il y paraît – tient à notre géographie nourricière : culture et agriculture s'associent pour faire vivre la... cuisine française. Conséquence logique de nos traditions, reflet de la diversité de nos territoires. La France est le pays aux mille fromages, et celui des vins... En

2010, le « repas gastronomique français » a même été inscrit au « patrimoine mondial de l'humanité » par l'Unesco. C'était la toute première fois qu'une cuisine nationale était ainsi mondialement reconnue. L'écologie humaine nous fait passer logiquement de la nature au paysage et du paysage à l'art de vivre. La subsistance et le renouveau de la culture culinaire sont liés à l'attachement des Français à leur pays et à ses terroirs naturels, à ses artisans et à ses paysans.

France, pays de la dignité

C'est parce qu'elle est le pays de la culture par excellence que la France est, si naturellement, le pays de la personne. Notre devise républicaine, lorsqu'elle est bien entendue, consacre cette affirmation. Les valeurs anthropologiques de liberté, d'égalité et de fraternité sont précieuses pour favoriser une écologie humaine : la liberté, attribut personnel de chacun, a sa source dans le sanctuaire inviolable de sa conscience ; l'égalité véritable doit être entendue comme l'égale dignité de tous, qui interdit l'établissement de tout type de hiérarchie entre humains qui serait fondée sur leur supposée différence de valeur ou leur supposée différence de dignité. Faut-il souligner que l'égalité suppose bien sûr qu'une égale dignité soit reconnue aux hommes et aux femmes ? Quant à la fraternité, elle naît dans la famille. Entre frère et sœur, on ne se choisit pas. On apprend à vivre ensemble. C'est ce même lien de sang qui rend solidaires tous les membres de la famille humaine. Liberté, égalité, fraternité : ces trois valeurs portées par la France, pays des droits de l'homme, sont universelles. Du moins devraient être reconnues, articulées et appliquées comme telles, dans leur juste acception.

Si la France est le pays de la personne, c'est qu'elle reste encore, pour le moment, celui de la dignité. Une dignité inaliénable. Un célèbre arrêt du Conseil d'État le consacre. Le 27 octobre 1995, notre plus haute juridiction administrative validait une interdiction édictée par un maire, au nom de l'ordre public, dans l'affaire dite du «lancer de nains de Morsang-sur-Orge». La scène est sordide : les clients – éméchés ? – d'une boîte de nuit se voient proposer par la direction, comme attraction, le lancer de personnes de petite taille recrutées pour l'occasion. Ces personnes atteintes de nanisme ont beau être consentantes, rémunérées et casquées, les juges ont estimé qu'un tel spectacle portait atteinte à la dignité de la personne humaine. Leur argumentation fait date : «Considérant que l'attraction de "lancer de nain" consistant à faire lancer un nain par des spectateurs conduit à utiliser comme un projectile une personne affectée d'un handicap physique et présentée comme telle ; que, par son objet même, une telle attraction porte atteinte à la dignité de la personne humaine ; que l'autorité investie du pouvoir de police municipale pouvait, dès lors, l'interdire même en l'absence de circonstances locales particulières et alors même que des mesures de protection avaient été prises pour assurer la sécurité de la personne en cause et que celle-ci se prêtait librement à cette exhibition, contre rémunération. »

Certes, les tenants d'une dignité relative, dépendante soit de l'état de développement ou de santé, comme Peter Singer, soit de la volonté de l'individu, ne trouvent pas leur compte dans l'idée d'une dignité s'imposant à tout homme et pour tout homme, et dont nous ne serions pas maîtres. Ceux qui prônent la notion d'autonomie absolue, clé de voûte de l'éthique relativiste, refusent une dignité absolue. Mais c'est bien cette conception « ontologique » de la dignité humaine que consacre la Déclaration universelle des droits de l'homme de 1948. Échaudés par les dérives totalitaires qui l'ont précédée, ses rédacteurs savent qu'à partir du moment où un homme pourrait prétendre avoir perdu sa dignité certains risquent de se voir nier la leur... Le texte reconnaît donc dans son préambule que tous les membres de la famille humaine possèdent une « dignité inhérente » et dispose dans son article premier que « tous les êtres humains naissent libres et égaux en dignité et en droits ». Les droits de l'homme « à la française » sont bien la rançon de sa dignité.

France, pays des droits de l'homme

L'intégration des droits de l'homme et du citoyen au préambule de la Constitution française de 1946 s'inscrit dans la nécessité de protéger la dignité intrinsèque de la personne contre le totalitarisme, au lendemain de la

Seconde Guerre mondiale. Certes, notamment sous l'impulsion des tribunaux européens, cette conception des droits de l'homme glisse de plus en plus vers de « nouveaux droits de l'homme » qui cèdent aux revendications sociétales. Les déconstructeurs ont envahi ce champ juridique et judiciaire pour transformer les désirs hyper-individualistes en droits universels. La France est tiraillée entre ces deux postures, tout en tenant encore, dans certains domaines, une position exemplaire.

C'est en raison de la dignité des femmes (et des hommes) qu'elle demeure abolitionniste, en matière de prostitution. Elle résiste aussi à ce que ses promoteurs nomment l'« assistance sexuelle » aux personnes handicapées qui s'est étendue dans certains pays nordiques. Ségolène Neuville, secrétaire d'État chargée des personnes handicapées, a ainsi tweeté le 23 février 2016 : « Réduire la vie sexuelle des PH [personnes handicapées] à des rapports sexuels tarifés est à la fois ringard et méprisant. » Le regard français sur la gestation pour autrui obéit à la même « doctrine ». Sur ce sujet, la transposition de l'arrêt de Morsang-sur-Orge est facile... Il suffit de remplacer l'expression « lancer de nains » par « mère porteuse ». D'ailleurs, dans son avis du 5 mai 2009 préalable à la dernière révision des lois de bioéthique, le même Conseil d'État a mis en garde le législateur, sur ce sujet, contre « le risque de surenchère vers le moins-disant éthique », à savoir la contamination de la France par l'utilitarisme libertaire dans lequel se sont engouffrés ses voisins. En matière éthique, la France se sent libre. Elle résiste encore et toujours aux transgressions extérieures, qui se répandent hors de ses frontières, entraînant du « tourisme procréatif » en aller-retour et le tourisme de la mort en aller simple.

Alors que les promoteurs des transgressions éthiques n'ont de cesse d'imposer l'idée dialectique de l'« inéluctabilité » en prétendant que la loi de la France doit suivre les lois étrangères, l'exception bioéthique française est flagrante et logique. La France récuse toute marchandisation du corps. On n'y trouve pas les juteuses banques d'ovocytes, de sperme ou d'embryons humains qui prospèrent en Espagne, en Belgique ou aux États-Unis. En France, l'humanité ne s'achète pas sur catalogue. Le pragmatisme utilitariste anglo-saxon qui soumet l'homme au marché ne passe pas la frontière, si ce n'est au travers d'enfants que certains Français se sont autorisés à faire concevoir à l'étranger, par mères porteuses, avant de les « importer » chez nous. La montée de l'opposition radicale à toute forme de gestation par autrui montre à quel point l'esprit français récuse la chosification de l'être humain. Mais la France va plus loin que défendre son intégrité éthique : c'est en France que sont nés les mouvements les plus puissants en faveur de la proscription mondiale de la GPA. Sur ce sujet, l'anthropologie de l'écologie humaine est largement partagée.

Où la femme est aimée

La France oserait-elle se targuer d'être le pays de la femme ?

Malgré les résidus de machisme qui perdurent, malgré la lenteur de notre pays à donner aux femmes toute leur place dans la vie publique – rappelons que le droit de vote ne leur a été accordé qu'à la fin de la Seconde Guerre mondiale –, la France révère la femme, qui en est l'emblème. Les célébrités françaises prêtent encore leur visage à Marianne dont le buste orne les mairies. Que le graphiste d'un timbre-poste ait prétendu s'inspirer d'une Femen n'y change rien. Dans la mémoire collective, quelques anciennes grandes figures féminines éclairent l'histoire de France : Clotilde, Geneviève, Blanche de Castille, Jeanne d'Arc... Leur pureté, leur courage, la radicalité ou la discrétion de leur influence peut éclipser la popularité de bien des hommes acharnés à conquérir ou garder le pouvoir.

« Les femmes et les enfants d'abord » : depuis la chevalerie et l'amour courtois, l'éducation française incite les hommes à faire passer les femmes devant et à leur laisser la place... assise. Ou à porter leurs bagages. Question de « galanterie ». À table, ce sont elles qui se servent en premier, quand d'autres cultures imposent aux femmes de se tenir debout pour servir les hommes. Sans compter les vastes parties du globe où les femmes portent tout.

En bien des domaines, il reste du chemin pour atteindre l'égalité entre les sexes en France, sans nier leurs différences, mais il est déjà notable de signaler que la tradition est d'honorer la femme. Parfois maladroitement, en la réduisant à sa grâce physique.

L'expérience spécifiquement française de politique familiale, malgré son érosion, manifeste le souci d'offrir aux femmes, pour leurs enfants, de concilier vie professionnelle et vie familiale, en protégeant la maternité. La culture française récuse toute idée de violence faite aux femmes, y compris dans l'art de séduire... Face à l'idée d'une guerre des sexes, que revendiquent certains courants féministes, le Français de sexe masculin est désarmé. Pour l'universitaire Claude Habib, qui l'a étudiée sur le plan anthropo-géographique, la galanterie française manifesterait un point d'équilibre de notre civilisation entre le machisme méditerranéen et la neutralité nordique[1]. Au sud, la drague érotise l'espace public, parfois de façon violente et – pour une Française – grossière. Au nord règne le refoulement puritain, qui transfère volontiers l'érotisme à la prostitution aseptisée et à la pornographie. La galanterie française s'exprime en séduction légère – et codifiée – des hommes vis-à-vis des femmes, auxquelles ils témoignent déférence, attentions et égards. Chacun y trouve son compte. Entre les deux extrêmes de l'indécence et du refoulement, la France peut apparaître comme le pays du juste équilibre, celui de la femme incarnée. Ni soumise ni neutralisée... La première annulation chrétienne d'un mariage forcé, celui de la reine Radegonde, épouse de Clotaire Ier, fils de Clovis, date du milieu du VIe siècle ! L'idéologie de l'indifférenciation sexuelle passe mal quand les relations harmonieuses entre les sexes relèvent d'une tradition historique millénaire.

Au contraire de la pudibonde Amérique, la France se targue de regarder le libertinage avec indifférence,

1. *Cf.* Claude Habib, *Galanterie française*, Gallimard, 2006.

amusement, voire admiration, comme partie prenante de sa culture, en établissant une digue infranchissable entre vie privée et vie publique, sans attendre de ses leaders la moindre exemplarité. Sauf quand ils dépassent certaines limites – celles de la violence physique contre les femmes – au-delà desquelles les fautifs tombent, parfois de haut. Nous l'avons vu, le risque est toutefois que la culture dominante érige en modèle un mode de vie affectivement instable, qui se perpétue surtout au détriment des femmes, toujours menacées d'être supplantées. Et de plus en plus au détriment des hommes.

La France en quête d'universel

C'est une autre caractéristique de l'esprit français, dans la logique de sa participation à l'émergence des « droits de l'homme » : la France est toujours portée à l'universel. L'esprit français reste soucieux de rayonner, arrogant pour les uns, généreux pour les autres. Est-ce seulement sa culture qui pousse la France à se sentir responsable du bien commun, largement au-delà de ses modestes frontières ? Comme si ses limites géographiques ne suffisaient pas à enserrer son identité. La France est naturellement encline à se soucier du « tout », c'est-à-dire de ce qui la dépasse. Comme si sa riche histoire avait affaire à la Providence. Quoi qu'il en soit, il reste de son influence mondiale de premier plan de beaux vestiges. Ils viennent de sa propension séculaire à s'intéresser aux mondes lointains, à leurs arts et à leurs coutumes, jusqu'à les intégrer à sa propre culture...

Cette propension à l'universel s'est exprimée dans de multiples directions : notamment, pour se cantonner aux derniers siècles, avec l'épopée coloniale et l'élan missionnaire. Sans généraliser ce constat qui deviendrait angélique, on peut affirmer que la France, plus que d'autres pays, eut la finesse de « s'inculturer » aux pays « colonisés » qui partagèrent un temps son destin. Les Américains ne semblent pas avoir eu cette capacité...

Quoi qu'il en soit, la francophilie perdure dans le monde entier. À l'exception notable... de la France ! Milan Kundera, arrivé en 1975 de Tchécoslovaquie, le déplorait : « La France est le seul pays du monde où l'on n'apprend pas à aimer la France. » Il faut aux Français l'expérience de l'étranger pour mesurer à quel point la France est admirée, aimée et attendue, avec une surprenante ferveur. Pour sa culture, et aussi, sans doute, pour les traces laissées par ses grands voyageurs.

Quels motifs ont pu pousser les dizaines de milliers de compatriotes à partir vivre, et souvent mourir, loin de leur terre maternelle lors de l'extraordinaire expansion missionnaire qui a marqué le catholicisme du XIXe siècle français ? En 1987, Louis-Eugène Louvet, qui en tirait le bilan, constatait que les deux tiers des missionnaires catholiques dans le monde étaient français et même « les quatre cinquièmes des frères et des religieuses[1] », tandis

---

1. Louis-Eugène Louvet, *Les Missions catholiques au XIXe siècle*, Desclée, De Brouwer et Cie, 1898.

que l'essentiel du budget de ces missions lointaines était apporté par des Français. Méconnue de beaucoup, la vitalité d'un christianisme français devenu minoritaire étonne encore les étrangers par sa créativité, sa diversité et sa résilience. Les ONG humanitaires ont aussi pris le relais, au moins médiatique : elles exportent la générosité et l'ingéniosité française aux quatre coins du monde. *French doctors* de Médecins du monde ou sans frontières, Action contre la faim ou Handicap International...

Deux fois, en 2015, la France a attiré, dans une proportion historique, les gouvernants du monde entier. Planifiée de longue date, la COP21 fut considérée, de ce point de vue, comme un succès diplomatique avec 150 chefs d'État présents en décembre. Ce fut comme une réunion de copropriété à l'échelle du monde, destinée à prendre en compte certains communs de l'humanité, sans pour autant aller jusqu'au défi anthropologique devenu crucial. La grande manifestation du mois de janvier 2015, décidée quelques jours après les premiers attentats terroristes, avait déjà fait converger vers notre pays un impressionnant parterre de dirigeants, une soixantaine de chefs d'État et de gouvernements. Quelques voix se sont étonnées de l'injustice faite aux nombreux pays plus lourdement et plus régulièrement endeuillés par le terrorisme. Pourquoi tant de monde en France ? Parce que c'est la France.

Le sentiment national s'éprouve au feu de l'épreuve. Ressaisir l'élan de son histoire, c'est le réflexe naturel d'une nation en danger. Les attaques terroristes de 2015 ont paradoxalement forcé notre peuple à retrouver sa fierté, dans un instinct de survie communautaire. C'est en puisant dans ses racines qu'on trouve ses forces de résilience. Or la France est durablement secouée, dans son identité et sa culture, comme par un feu intérieur.

Le contraste des réponses apportées entre janvier et novembre 2015 est saisissant. Comme peuvent l'être les remises en cause provoquées par le choc du premier diagnostic d'un cancer et, après quelque temps de rémission, la découverte d'une récidive. Les rassemblements de janvier s'étaient focalisés sur la liberté d'expression, autour du slogan : «Je suis Charlie». Les attentats de novembre ont fait rejaillir la devise latine de la capitale : «*Fluctuat nec mergitur*», qu'on date du XIVe siècle, «Secoué mais pas coulé», en quelque sorte, dont l'ancienneté atteste la véracité.

Mais ce n'est pas tout. Le drapeau tricolore, longtemps ringardisé, voire radicalisé, a retrouvé son éclat, ressorti à la demande expresse du chef de l'État, rupture de stock à la clé. Une image improbable a même fleuri ou plutôt «buzzé» : un «*Pray for Paris*» sur fond de tour Eiffel. En provenance d'Amérique, elle a pu constituer un pied de nez au laïcisme hexagonal. Quoi qu'il en soit, les appels téléphoniques venus d'amis étrangers ont révélé à beaucoup de Français une évidence : presque partout, la France est aimée.

L'appel des racines

Mais à quoi peut bien servir la France ? Pour discerner le chemin à parcourir, nous avons fait un rapide point sur ce qui nous est commun... Toute orientation de vie prend son élan sur une histoire personnelle qui préfigure l'avenir. Ainsi en est-il des nations. Certes, y compris dans les sphères religieuses, l'idée d'une « vocation des nations » demeure controversée... Du côté des politiques, on aurait d'autant plus imaginé que le sujet était tabou, même si un certain messianisme laïque a marqué la période révolutionnaire et l'époque coloniale. Avec un discours transformé par la réalisation de la menace terroriste, François Hollande a tranché sans ambages à cette question. « La vocation de la France, c'est d'être utile au monde et de mettre ses compétences au service de la planète[1] », a déclaré le Président au corps diplomatique. Certains diront que c'est une spécificité de la France de sentir assez clairement qu'elle a une vocation. D'autres diront qu'elle s'en attribue une par vanité. La maxime retentit en écho des paroles d'un pape polonais, récemment élu, visitant pour la toute première fois notre pays en 1980 : « France, fille aînée de l'Église et éducatrice des peuples, es-tu fidèle, pour le bien de l'homme, à l'alliance avec la sagesse éternelle[2] ? » Le temps de l'homme est celui de la sagesse.

1. Vœux du président de la République au corps diplomatique, « La vocation de la France, c'est d'être utile au monde », Élysée, 21 janvier 2016.

2. Jean-Paul II, Le Bourget (France), 1er juin 1980.

Il a aussi fallu ces attentats atroces pour faire sauter un autre verrou, celui du déni des racines chrétiennes de la France chez certains de ceux qui les avaient le plus vilipendées. Ainsi, Bernard Cazeneuve, ministre de l'Intérieur et des Cultes – et agnostique revendiqué – va jusqu'à affirmer en janvier 2016 que « les racines chrétiennes de la France sont incontestables[1] », tout en prenant soin de préciser que ce constat ne constitue pas « un motif d'exclusion de ceux qui ne sont pas chrétiens ». Surprenant retournement qui se double d'autres paroles laissant à penser que ces racines ne sont pas celles d'une souche morte, mais d'un arbre vivant qui doit prendre toute sa place dans la nation. En l'an 2000, Jacques Chirac s'était au contraire entendu avec son Premier ministre de l'époque, Lionel Jospin, pour récuser toute expression de øl'« héritage religieux » de l'Europe dans ses textes officiels. Sur fond de négociations entre la Turquie et l'Union européenne, le président de la République avait ensuite obtenu que la mention de ses « racines judéo-chrétiennes » ne soit pas incluse dans la Constitution européenne... Le politologue René Rémond pouvait dénoncer une « culture du mépris[2] » à l'égard du christianisme, et particulièrement du catholicisme.

---

1. Marie Boëton, Bernard Gorce, Guillaume Goubert et Anne-Bénédicte Hoffner, « Bernard Cazeneuve : "Dans la République, la notion cardinale est le respect" », *La Croix*, 19 janvier 2016, http://www.la-croix.com/France/Bernard-Cazeneuve-Dans-Republique-notion-cardinale-respect-2016-01-19-1200732386

2. René Rémond, *Le Christianisme en accusation*, Desclée de Brouwer, 2000.

Peut-on faire de la culture judéo-chrétienne le bouc émissaire de tous nos maux, quitte à redessiner toute l'histoire de France à coups de ricanements laïcistes ? Pierre Manent n'est pas de cet avis : « Il est peut-être temps de mettre les points sur les i. La République où tous les citoyens sont égaux est aussi une nation de marque chrétienne où les juifs jouent un rôle éminent[1]. » C'est ce qu'il propose de dire aux musulmans de France. Plutôt qu'un homme laïcisé, amputé de ce qu'il a de plus intime et précieux, son identité spirituelle, la France est-elle prête à considérer ses citoyens dans toutes leurs dimensions, y compris religieuses ?

Il faut toujours connaître et creuser son identité pour être capable de s'ouvrir à l'autre. Fallait-il attendre le défi islamiste pour le redécouvrir ?

Profondément ancré dans son identité, le christianisme, qui explique beaucoup de l'âme de la France, mérite d'être reconsidéré comme un de ses atouts majeurs : il tempère l'individualisme, tout en exaltant la vraie liberté personnelle ; considérant la fragilité et la grandeur de l'homme et conscient de l'ambivalence de l'âme humaine, il récuse la brutalité régressive et l'angélisme désincarné ; il vise la ligne de crête où se superposent amour et vérité.

Occulter l'identité spirituelle de la France, c'est l'amputer de son cœur.

1. Pierre Manent, *Situation de la France*, Desclée de Brouwer, 2015, p. 165.

Une France défigurée

Conscients de la valeur de notre nation menacée par l'explosion identitaire, il nous faut maintenant revenir au sol de la France, à sa terre, à ses communs. Constatons qu'elle est gangrenée, depuis quelques dizaines d'années, par une maladie envahissante qui contredit à la fois son histoire et sa grandeur. Nous sommes en train de défigurer notre maison commune, après des siècles d'équilibre entre la nature et l'*Homo sapiens*, dont il est la pièce maîtresse. Nous vivons, voyageons et commerçons dans des espaces de plus en plus brutalisés par notre propre main, ou plutôt nos machines. Architecture, agriculture, réseau routier : l'enlaidissement utilitariste des paysages urbains – qu'on a cru devoir légitimer par les gains de temps et d'argent – efface les identités régionales, nuit à la qualité de vie des habitants d'aujourd'hui, et obère celle des générations futures.

D'où la défiguration peut-elle venir ? Est-elle le dégât collatéral des Trente Glorieuses, qu'on est parfois tenté de rebaptiser « les Trente Honteuses » ? L'industrialisation est passée par là. Celle de l'agriculture, de la construction massive des logements et des infrastructures de communication, de la production et du transport d'énergie, et même des médias. Car tout se tient. Que, à la manière de poulets élevés en batterie, des dizaines de millions de Français, réputés individualistes, soient amenés à regarder le même divertissement futile au même moment, parce qu'il est programmé par la principale chaîne de télévision, interroge sur notre liberté. Le paysage audiovisuel français est à l'image de l'espace où nous vivons : dégradé par l'uniformisation abêtissante.

Nous avons simultanément lessivé et bétonné notre territoire. En stérilisant la terre, nous avons stérilisé la vie de nos communautés. L'arrachage des haies et l'abus des pesticides ont souvent fait perdre à la terre sa vitalité naturelle. Le bétonnage périurbain, pas seulement côtier, a pris le relais, au rythme actuel de la superficie d'un département tous les dix ans. L'alerte lancée par Jack Lang mérite d'être relayée. Comment se fait-il, explique en substance l'ancien ministre de la Culture, que nous ayons en même temps pris soin de préserver les vestiges de notre passé (où nous ne vivons pas) et laissé à ce point nos lieux de vie s'uniformiser en un nivellement par le bas ? Et de dénoncer pêle-mêle les zones pavillonnaires sans style, les centres commerciaux vidant les centres-ville, le mobilier urbain aseptisé, et jusqu'à la « dictature du thuya » qui enlaidit le quotidien, en coupant nos jardins des particularismes régionaux et de la valeur de la vraie proximité. Jack Lang résume : « En moins d'un demi-siècle, oublieux que nous avons été de l'exigence esthétique, nous avons réussi à standardiser les périphéries de nos villes, qui se ressemblent toutes désormais dans leur concentration inégalée de laideur brute[1]. » Lorsqu'on constate ces dégâts, l'urgence d'une révolution de l'écologie humaine semble faire l'unanimité.

---

1. Jack Lang, *Ouvrons les yeux ! La nouvelle bataille du patrimoine*, HC éditions, 2014.

Mais elle exige une douloureuse cohérence dans la façon de considérer l'homme. Une révision anthropo-logique. En deux mots.

De la déconstruction au grand vide

Attachés à leurs racines, les Français ont toujours soif de connaître leur histoire, de la plus récente à la plus ancienne. L'engouement populaire pour le Puy du Fou ou les émissions comme celles de Stéphane Bern ou Franck Ferrand en témoignent.

Notre culture a pourtant connu une savante déconstruction desséchante, pour aboutir à une atomisation de la société. Le peuple français subit, impuissant, ce glissement depuis plusieurs décennies, peut-être plusieurs siècles, avec une accélération foudroyante à partir de Mai 68. Cette déstabilisation est la rançon de l'intelligence de ses élites, altérée en arrogance prométhéenne, pour s'être coupée du réel. La révolution de la déconstruction libertaire a ses préceptes sacrés, ses dogmes, son clergé et son panthéon de grands intellectuels : Simone de Beauvoir (1908-1986), Michel Foucault (1926-1984), Gilles Deleuze (1925-1995), Pierre Bourdieu (1930-2002), Jacques Derrida (1930-2004)... Leurs disciples continuent de garder jalousement la place. Ils n'en finissent pas de décortiquer l'homme comme un crabe dans leur assiette. Tout en sachant parfaitement qu'ils sont eux aussi des crabes – et non des moindres – se débattant tant bien que mal avec leur propre humanité. Tous dans le même panier! Famille, religion, langage, altérité sexuelle... Ils n'en auront jamais fini d'échanger leurs théorisations brillantes sur ces réalités préexistantes, sans accepter qu'elles les expliquent plus qu'ils ne pourront jamais les expliquer. Il faudrait pour cela l'humilité du consentement au réel.

La révolution libertaire a mis quarante ans pour imprégner la France en profondeur. Lorsqu'on l'interroge sur des sujets patiemment déconstruits, autour de la morale, du sexe et de la religion, les Français tendent à répéter en boucle ce qu'ils n'ont cessé d'entendre depuis 1968 : les autorités religieuses ne doivent pas prendre la parole sur les questions de société comme si elles n'avaient pas droit de cité hors de leurs sanctuaires; le respect de la vie ne saurait être une question morale; et la morale n'aurait que faire de la religion... Les grands sondages planétaires[1] confirment que sur chacun de ces grands sujets (la religion, la vie, la morale) la posture des Français est la plus libertaire, la plus laïciste et la plus relativiste au monde...

Hypnotisés par les codes de la pensée unique, les Français ne sont toutefois que superficiellement conquis. Ils sont rebelles à la morale comme l'est un adolescent que tout interdit parental horripile... avant d'y réfléchir. Il a besoin qu'on lui pose des limites, pour en reconnaître un jour la validité. L'ambivalence de la société «adulescente» vis-à-vis des figures d'autorité est patente. La pensée dominante s'oppose au bon sens populaire. Nous en sommes là.

1. Pew Research Center, www.pewglobal.org, 2014.

Le défi flagrant à l'identité de la France constitué par l'agression terroriste a ainsi ranimé l'âme de la nation, dont le drapeau méprisé est donc sorti du placard. Les deux phénomènes sont à rapprocher : si la France se sent si impuissante à canaliser la violence qui sourd dans une frange de sa population issue de l'immigration, qu'elle craint « radicalisée », n'est-ce pas largement parce qu'elle a laissé l'essence de sa propre identité se dissoudre dans la vacuité ? L'essayiste Hervé Juvin raconte l'histoire d'une jeune Française rentrant chez elle profondément troublée par la décision soudaine d'une ses camarades de classe de porter le voile[1]. « Et nous, qui sommes-nous ? », demande l'adolescente à sa mère. Ayant pris le temps de se concerter, les parents feront tomber leur réponse après quelques jours : « Nous ne sommes rien ! » Déni d'écologie humaine. L'homme déraciné n'a plus de sève, plus de goût, plus d'identité, plus de raison de vivre. Le philosophe François-Xavier Bellamy parle du « choc des incultures[2] ». Sans culture, l'écosystème de l'homme est tellement appauvri que rien ne peut fleurir. Ajoutons que, si l'islam est « un fait social total », comme l'estime Pierre Manent, on ne peut pas l'imaginer dialoguer avec « rien ».

Le recours incantatoire aux valeurs de la République est vain s'il n'est pas fait appel aux racines historiques de

1. Dans une conférence tenue à Paris le 17 octobre 2013. Hervé Juvin est l'auteur de *La Grande Séparation. Pour une écologie des civilisations*, Gallimard, 2013.

2. François-Xavier Bellamy, *Les Déshérités ou l'Urgence de transmettre*, Plon, 2014.

la France. Heureusement, elle est plantée en profondeur. Une fois déshabillée du manteau superficiel d'arrogance dévergondée et de vide anthropologique qui travestit son identité, nous décelons sa vitalité sous la croûte idéologique. Le pays de la personne est aussi celui de sa plus virulente déconstruction : c'est donc le foyer naturel de l'écologie humaine. Ainsi s'explique ce qui se préparait dans les sous-sols de notre pays depuis bien avant 2012 : le grand réveil de l'âme de la France.

6

Puissance du mycélium

Spectaculaires, les immenses manifestations des années 2013 et 2014 ne pouvaient être que la face émergée d'un iceberg, fruit d'une révolution silencieuse de l'écologie humaine qui travaille la société française depuis plusieurs décennies. « Quand le sage montre la Lune, le sot regarde le doigt. » *A fortiori*, personne ne s'était intéressé au travail invisible, dans le substrat de la société, de personnes libres et créatives, attachées au bien commun. Voilà pourtant l'essentiel. Voilà ce qui était et qui reste prometteur. « Le hasard ne favorise que ceux qui y sont préparés », aimait souligner Pasteur. De même la Providence n'éveille-t-elle que ceux qui veillent. Et Dieu sait quelle veille se propageait depuis longtemps dans les sous-sols de la société, une flamme brûlante de désir, entretenant le feu qui couvait secrètement sous la cendre. Cette grande veille a précédé l'émergence des Veilleurs. C'est elle qui explique l'embrasement commencé fin 2012.

Enfouis dans l'humus de la société

Entre les manifestations monstres et cette révolution silencieuse, il y a le même rapport qu'entre des champignons et leur mycélium, ce réseau de fines racines interconnectées qui en constitue l'élément permanent. Les champignons sont spectaculaires, mais éphémères et ponctuels ; leur mycélium est discret, mais durable et relié. Quand le citadin découvre un cercle de rosés-des-prés, comestibles, le campagnard pense à l'invisible mycélium qui promet des récoltes annuelles croissantes, pourvu qu'il soit préservé. Le mycélium est en effet le véritable organisme vivant dont le champignon n'est que la fructification occasionnelle.

Il y a donc au cœur de notre société une force de construction vitale. Elle était cachée, ignorée ou méprisée... Dans toute la France, des personnes avaient résisté tant bien que mal au travail de démolition anthropologique poursuivi dans la fièvre de Mai 68, qui aboutirait à un individu autonome, sans racines, flottant, déconditionné de toute attache familiale, territoriale, nationale, historique et religieuse. Déshérité donc, mais alors privé de toute identité, et finalement errant. Réduit au déni de son angoisse existentielle.

Dans la société liquide, le mycélium est structurant. Quand les idéologies adeptes de la *tabula rasa* anthropologique se dissolvent dans leur propre vacuité, pour s'envoler telles des feuilles mortes dans le vent de l'histoire, c'est ce qui reste qui compte. On s'accroche aux éléments structurants. Et l'on a raison de s'y attacher.

Peu importe que des élucubrations intellectuelles aient enterré un courant de pensée, s'il trouve dans l'humus de la société de quoi agir en conformité avec sa vocation : tisser humblement du lien humanisant, construire et réparer la société, à partir des relations originelles, filiales, familiales et nationales. Pendant que les penseurs de la déconstruction sapent la société, les « panseurs » la bâtissent, en prenant soin de ses membres fragilisés.

Au cœur de l'innovation sociale

Médiatiquement ignoré, le mycélium d'écologie humaine est en réalité à la pointe de la créativité sociale, en de multiples domaines. Ses structures associatives ne sont pas les faux nez de quelques leaders politiques en mal de reconnaissance humanitaire. Ses labels agissent modestement, n'ayant que faire des coups de communication artificiels. Ils naissent là où s'exprime le besoin social. Pied de nez à l'eugénisme démocratique et à la société individualiste, nombriliste et superficielle, le mycélium est à l'origine d'une multitude d'initiatives destinées à sortir de l'isolement et de l'exclusion les personnes concernées par le handicap, celles qui survivent dans la rue, les personnes âgées seules, les femmes enceintes abandonnées, les enfants maltraités, les personnes en fin de vie... Il s'adapte aux misères du peuple. Il se fait proche de ses larmes et de son sang. Il prolonge simplement la tradition toujours vivante des œuvres de charité, qu'elles soient chrétiennes ou non. Il renouvelle notamment l'élan du catholicisme social qui tentait d'adoucir la condition ouvrière au XIXe siècle et s'est perpétué depuis. Les mobiles altruistes n'ont pas changé.

Dans la nature, l'activité souterraine et foisonnante du mycélium produit une transformation du substrat. Ce travail peut exceptionnellement s'observer en surface pour certaines espèces de champignons, quand un anneau d'herbe verte se dessine sur une prairie jaunie par la sécheresse. Le contour du « rond de sorcière » est presque parfait : un mètre de large et plusieurs de circonférence. En se nourrissant dans l'humus, le mycélium progresse de 40 centimètres environ par an, en conquérant l'extérieur de son périmètre... La luxuriance localisée de l'herbe est causée par l'azote qu'il secrète en travaillant la terre. De nombreuses plantes en dépendent. Assurant le recyclage de la « nécromasse » qu'il décompose, le mycélium joue un rôle majeur dans le cycle du carbone et dans la rétention d'eau par le substrat.

De la même façon, la fécondité du mycélium de l'écologie humaine s'observe occasionnellement. Au lendemain des attentats de janvier 2015, dans une France saisie d'effroi, les projecteurs médiatiques se sont soudain tournés vers une étrange petite école de Montfermeil (Seine-Saint-Denis), le Cours Alexandre-Dumas. Il s'agit de l'établissement pilote que la Fondation Espérance banlieues a ouverte en 2012 dans des locaux préfabriqués.

En quelques années, l'humble initiative réussit là où la puissante Éducation nationale peine. Parrainé par le journaliste Harry Roselmack, le Cours Alexandre-Dumas développe librement une éducation à la fois individualisée et affranchie de l'idéologie, dans des zones où la société est menacée d'un «éclatement communautaire». À l'inverse de ce qui est observé dans d'autres établissements, les parents sont étroitement associés au travail de l'école, aux récompenses comme aux sanctions. École à taille humaine, totalement libre, hors contrat, elle ne sélectionne ses élèves qu'en fonction de leur motivation. Les résultats sont bons. Financée à 80 % par des dons institutionnels ou de particuliers, la scolarité ne pèse pas trop sur les parents qui sont cependant responsabilisés. Tous les lundis matin, cérémonie des couleurs : le drapeau tricolore est monté. Et les élèves se montrent attachés à la France, alors qu'ils sont pour la plupart issus de l'immigration et de culture musulmane. Ce cérémonial patriotique qui choquait certains observateurs et en faisait sourire beaucoup d'autres est apparu futuriste au lendemain de la deuxième série d'attentats, le drapeau français ayant retrouvé droit de cité. À l'image de cette initiative, de multiples innovations fondées sur l'anthropologie du don se déploient aux périphéries de la société, là où le lien social semble le plus incertain. Elles révèlent les trésors d'humanité que génèrent les véritables rencontres, fondées sur le respect mutuel et la gratuité.

Le mycélium prospère pour le bien de tous. Tocqueville, qui avait noté, par comparaison avec les Américains, le goût des Français «pour les idées générales», surtout celles « relatives à la politique », considérait que « le meilleur correctif qu'on puisse employer, c'est de faire qu'ils s'en occupent tous les jours de manière pratique ; il faudra bien alors qu'ils entrent dans les détails, et les détails leur feront apercevoir les côtés faibles de la théorie[1] ». Au contraire de beaucoup d'intellectuels de salon, qui déconstruisent le système sans y toucher, les acteurs politiques du mycélium font du bien sans faire de bruit. Proches des corps et des cœurs. Immergés.

Discrète revanche du réel

On a longtemps cru à la génération spontanée des champignons. Tant que leurs minuscules spores, d'où naît le mycélium, sont restées invisibles. Certes, à partir du XVIIe siècle, des botanistes ont décrit, grâce au microscope, l'étrange cycle reproducteur, qui fait passer de la spore au mycélium puis du mycélium au « fruit ». Pourtant, jusqu'au milieu du XIXe siècle, d'éminents universitaires se sont enferrés dans le déni, pensant avoir définitivement démontré que les champignons naissent sans origine, de cette sorte de matière gélatineuse que produit la décomposition des végétaux.

De la même façon, des décennies de myopie médiatique – pour ne pas dire de dédain entretenu – ont maintenu jusqu'à ce jour l'invisibilité du mycélium de

1. Alexis de Tocqueville, *De la démocratie en Amérique*, Pagnerre, 1848, p. 81.

l'anthropologie du don, ignorant sa cohérence. La pensée dominante n'a toujours rien compris à ce qu'a révélé d'essentiel l'embrasement de 2013. À moins qu'elle ne feigne de n'y rien comprendre, pour maintenir sa suprématie en surface... Il faut dire – à sa décharge – qu'elle est adepte de la table rase, plus que de l'enracinement, considérant que l'épanouissement personnel ne peut être atteint que si l'on est persuadé s'être fait tout seul. La sociologie rationaliste croit... aux apparitions. Tendant à prendre ses désirs pour la réalité parce qu'elle récuse toute idée de frustration, elle se plaît à croire que les structures sociales honnies ont enfin disparu.

Habitués aux associations factices grassement subventionnées de la nébuleuse libertaire, ceux qui furent hébétés par le surgissement du mouvement social ignorent l'essentiel du foisonnement continu du mycélium d'écologie humaine dont il est issu. La plupart de ceux qui font grandir le mycélium en ignorent également la puissance. Ils construisent le bien commun, comme Monsieur Jourdain[1] fait de la prose. Le mycélium n'étant pas médiatisable, personne ne peut saisir sa diversité, mesurer sa fécondité ni réaliser sa puissance de transformation sociale. Elle se manifeste pourtant en de multiples domaines : écoles originales, fondations d'aide à l'enfance, associations d'accueil de personnes handicapées, colocations solidaires, soupes populaires, groupes d'aide aux personnes âgées isolées, associations d'aide aux réfugiés, aux Roms, aux migrants, initiatives

1. Molière, *Le Bourgeois gentilhomme*, 1670.

intergénérationnelles, sans oublier les multiples structures agissant dans les pays en voie de développement. Et sans compter les initiatives culturelles, médiatiques, sportives, artistiques...

Le mouvement social a provoqué une accélération de cette créativité. Il a décuplé ses forces. Le mycélium s'est ressemé. Comment expliquer la solidité de ce maillage de plus en plus dense ? Tout simplement par la cohérence anthropologique des « artisans de vie » qui s'y engagent et leur motivation altruiste à changer le monde par leurs initiatives. Affranchis des postures idéologiques intellectuelles, ils ont les mains libres pour agir.

Reliés et résistants

Mais qui sont donc les acteurs de ce mycélium ? Ce sont ceux qui résistent à la fois à la déconstruction idéologique et à l'aliénation technologique. Beaucoup ont reçu dans leur famille les principes altruistes de l'anthropologie du don qu'ils s'appliqueront à faire rayonner, une fois devenus adultes. Ils n'ont pas épousé la logique individualiste. Leur vision du monde n'est pas celle de l'atomisation mais celle de la communion. Ils sont faits pour s'engager, se relier, se donner. Ils savent que c'est en se donnant qu'ils se trouvent. Ils reconnaissent dans leurs actions sociales et humanitaires la source de leur croissance personnelle. Ils sont plus résistants que d'autres aux virus de la mode, du consumérisme, du matérialisme, de l'ultracapitalisme et du politiquement correct. Ils ne jugent pas une réalité selon l'adage «vu à la télé». Ils gardent un bon esprit critique. C'est une chance pour la nation.

La philosophie de la déconstruction, pour couper l'homme de son enracinement culturel et le défaire de son identité, s'appuie sur l'influence des médias grand public. La méfiance du mycélium vis-à-vis du discours médiatique dominant le protège des excès de l'hyperindividualisme. Le mycélium n'échappe certainement pas totalement à la «seconde révolution individualiste[1]» décrite par Gilles Lipovetsky. Il s'agit d'un néo-individualisme qui fait de chacun un hyperconsommateur, hyperconnecté et hypernarcissique. Tour à tour égoïste et généreux selon ses émotions passagères. Dopé à l'ironie. Le mycélium n'est pas indemne de cette mutation, mais telles ne sont pas ses valeurs. Il a reçu dans ses gènes une bonne dose d'antidote qui régule sa fascination pour l'air du temps.

À bien des égards, le mycélium semble construire une société parallèle. Elle fonctionne comme un «sanctuaire de la vie» dans une société éclatée, désenchantée et parfois suicidaire.

Comme une cité parallèle

En 1987, dans la clandestinité, le dissident tchèque Václav Benda explicitait la façon dont devait s'édifier, sous le joug communiste, ce qu'il avait nommé, une

1. Gilles Lipovetsky, *L'Ère du vide : essais sur l'individualisme contemporain*, Gallimard, 1983; rééd. coll. «NRF Essais», 1989.

dizaine d'années plus tôt, une «*polis* parallèle[1]». Pour les dissidents, cette cité parallèle était à construire dans les sous-sols de la société, en se reliant, sans s'acharner en surface contre le pouvoir totalitaire. Il fallait lutter contre l'«atomisation totale» de la collectivité nationale. Cette intention vaut pour la situation de la France, dans la mesure où la déconstruction anthropologique exerce un totalitarisme culturel, qui se traduit déjà en dispositifs légaux, en décisions de justice, en brimades et en discriminations...

Pour Benda, le totalitarisme, en diffusant le mensonge et en intimidant ses adversaires, crée de multiples «rideaux de fer» qui divisent à dessein la nation, les communautés, les familles et jusqu'à la pensée intime de chacun. Ainsi fonctionnent les injonctions de la pensée unique, voire de la double pensée orwellienne[2]. Elles tentent de fragmenter notre conscience. La tâche assignée par Benda à la *polis* parallèle résonne comme un manifeste d'écologie humaine : «Abattre ou ronger petit à petit ces rideaux de fer en miniature, forcer le blocus social et celui de l'information, revenir à la vérité, à la justice, à un ordre des valeurs qui ait un sens, faire à nouveau reconnaître le caractère inaliénable de la dignité

1. Václav Benda, *La Polis parallèle, et autres essais : 1978-1989*, Desclée de Brouwer, 2014.

2. La «double pensée» (*doublethink*) est un terme inventé par George Orwell comme le novlangue, dans son roman contre-utopique *1984* (*op. cit.*), indiquant une capacité à accepter simultanément deux points de vue opposés et ainsi mettre en veilleuse tout esprit critique. C'est aussi une rupture avec le «principe de non-contradiction» sur lequel repose toute la science démontrable.

humaine et la nécessité du vivre-ensemble dans la responsabilité et l'amour mutuel.»

Malgré son engagement clandestin, Benda ne rêvait pas alors de renverser le pouvoir en place et privilégiait «les formes de lutte non violentes». Il ne prétendait même pas organiser l'alternative politique, mais proposait de tisser collectivement, au cœur de la société et sans attendre, la politique juste. Il appartient à chacun d'instaurer, expliquait-il, «la vie dans la vérité», selon la formule de son ami Václav Havel. Ce dernier, qui estimait qu'un nouveau système ne garantirait pas une vie meilleure, affirmait : «Ce n'est que par une vie meilleure que l'on peut construire un meilleur système[1].»

Rompre avec les cycles mortifères

Pour Havel, «la formation d'un meilleur modèle politique et économique doit se développer à partir d'un profond changement existentiel et moral de la société[2]». La résistance de ces dissidents était bel et bien morale. Ils se refusaient à utiliser les méthodes de leurs adversaires, selon le sage adage d'Einstein : «On ne résout pas les problèmes avec les modes de pensée qui les ont engendrés.» C'est pourtant la tentation politique : le manipulé tend à se faire manipulateur, la violence appelle la violence, le mensonge induit une culture du mensonge...

1. Václav Havel, *Essais politiques*, Calmann-Lévy, 1994.
2. *Ibid.*

Rompre avec de tels cycles destructeurs est une exigence de l'écologie humaine, qui refuse les emballements de violence et de haine.

Dans cette logique, Benda engageait donc ses contemporains à occuper, par leurs initiatives (sociales, culturelles, scientifiques, artistiques, journalistiques), tout espace laissé vacant par le pouvoir en place, qu'il soit abandonné ou inoccupé, sans craindre, le cas échéant, d'interférer avec lui dans quelque partenariat exigé par les circonstances.

Dans sa première explication de la *polis* parallèle, Benda proposait d'ailleurs, non seulement de créer des « structures parallèles », mais « d'exploiter aussi les structures existantes en les "humanisant" ». Le dissident annonçait comme perspective « la fusion des deux cités », autrement dit « la domination paisible de la cité ancrée dans la vérité sur celle dont l'existence tient à la manipulation du pouvoir ». Signe prometteur, l'engagement de nombreux cadres et militants du mouvement social, au sein de divers partis politiques, peut augurer cette fusion, à condition qu'ils gardent leur liberté de conscience et d'expression.

Bien sûr, la comparaison entre la Tchécoslovaquie communiste et la France contemporaine ne peut être que partielle. La dissidence culturelle de l'écologie humaine n'est pas directement menacée par la répression policière, pour le moment. Mais nous avons pu mesurer à quel point l'instinct de brutalité peut sommeiller dans tout homme chargé de réprimer sans mesure, obéissant aux ordres. Hannah Arendt nous a alertés sur la « banalité du mal[1] ».

Quand les normes « morales » d'une société consacrent l'inversion entre le bien et le mal, la résistance à l'injustice réclame la pratique de l'objection de conscience. C'est un droit inaliénable qu'il faut protéger avec vigilance. Mais plus qu'un droit universel reconnu par les tribunaux internationaux, c'est d'abord un devoir, dicté par la conscience, celui de refuser courageusement toute participation à de graves atteintes à l'humanité.

La conscience de faire l'histoire

Adopter la perspective de la *polis* parallèle suppose ne pas céder à la tentation du repli sur soi – forme d'autoexclusion – tout en renonçant aux armes de l'Adversaire, avec un grand A : mensonge, manipulation, toute-puissance. Benda incitait ses camarades dissidents à « étoffer le parallélisme » de la *polis* parallèle, une façon d'appeler de ses vœux la densification du mycélium. Il encourageait donc ses amis à « investir toutes les forces vives de la société et de la culture, au sens le plus large, tout ce qui a pu survivre tant bien que mal à la défaveur du temps (par exemple les Églises) ou naître contre vents et marées (par exemple les différents mouvements de jeunesse) ». Le dissident avait constaté l'incapacité du

1. Hannah Arendt, « Eichmann à Jérusalem, rapport sur la banalité du mal », *The New Yorker*, 1963 ; Gallimard, coll. « Folio histoire », 1991.

pouvoir totalitaire – engoncé dans le favoritisme et le mensonge – à concurrencer durablement la vitalité de la *polis* parallèle. Mais il faisait la différence entre d'une part « la résistance naturelle que la vie oppose au totalitarisme » et d'autre part « l'espace délibérément élargi de la cité parallèle ». Dans le premier cas, le pouvoir gardait la capacité de détruire la dissidence éparse, dans le second cas, il en serait incapable. À ses yeux, seul un certain volontarisme conscient de ses bâtisseurs permet donc à la *polis* parallèle de creuser des tranchées « plus qu'elle n'en perd ».

Et si l'analyse valait pour la France ? Bien des indices laissent supposer que ce travail de reconstruction était entamé en France avant 2012. La seule différence – et elle est de taille : les bâtisseurs ne savaient pas qu'ils construisaient la cité... Ils n'avaient pas conscience de leur puissance collective de changement. Le mouvement social de 2013 a ainsi fait passer la révolution de l'écologie humaine d'un stade spontané, éparpillé et inconscient à un stade organisé, relié et délibéré.

Avec le passage par la rue, la confiance a changé de camp. Le basculement culturel est engagé. Les personnes convaincues qui se terraient se mobilisent. Les acteurs du mouvement social n'ont pas seulement réalisé à quel défi anthropologique ils étaient confrontés, ils ont décidé de le relever pour préserver les générations futures du désastre. Ils ont aussi compris à quel point tout était lié, et qu'il ne fallait plus rien laisser passer. Après 2013, jamais un ministre de l'Éducation nationale n'aurait pu laisser entrer l'idéologie du genre à l'école, au travers des manuels scolaires, comme Luc Chatel l'a fait en 2011, sans se heurter à une vague de protestation argumentée. Bien des signes attestent déjà une « victoire culturelle » des nouveaux bâtisseurs, dont la vision du monde est complète, cohérente et concrète.

Héritiers, précurseurs, cohérents

S'approcher du cœur du mycélium, c'est s'exposer à un véritable choc culturel : un petit nombre de personnes continue d'agir en radicale conformité avec les valeurs de l'anthropologie du don : ils vont ainsi jusqu'à accueillir inconditionnellement leurs enfants, sans écarter de la naissance ceux dont le diagnostic prénatal a décelé le handicap. C'est étrangement un critère clé.

Stupéfaction semblable à celle des Romains, rapportée par l'historienne Régine Pernoud, quand ils constataient une spécificité des chrétiens : ils gardaient tous leurs enfants ! Leurs héritiers passeront volontiers pour des extra-terrestres, se sentant satellisés dans leur propre nation. Incompris, jugés, même. Ne perpétuent-ils pas pourtant, à leur façon, une des plus belles traditions de leur pays ? France, terre d'asile, dit-on... Courageux anticonformistes : ils refusent de fermer la porte à leur enfant qui va naître, même si la culture dominante le juge « non conforme ».

Quoi de plus humain que de s'abstenir de trier les humains ? Alors que chaque naissance de bébé trisomique est considérée comme un échec, voire comme une faute de la médecine ou des parents, ils tiennent tête. Sans nier que toute annonce du handicap est un drame, ils refusent de participer à cet eugénisme démocratique que déplorent pourtant, à la fois impuissants et complices, la plupart des observateurs de notre système performant de surveillance des grossesses... Face au grand paradoxe d'une société qui se veut « tolérante » à la différence, mais qui sélectionne, écarte et élimine ceux qu'elle juge indignes de vivre, le cœur du mycélium résiste. Parce qu'il a appris à résister. Même douloureusement. On y trouve d'ailleurs la plupart des personnes susceptibles d'adopter les bébés handicapés abandonnés à la naissance à la suite de la découverte d'une pathologie estimée « lourde » par la société.

Les discrètes œuvres d'adoption de bébés trisomiques constituent l'un des signes les plus magnifiques de la puissance radicale du mycélium. Spécialiste des questions d'abandon et de l'adoption, Sophie Marinopoulos classait en 2003 les demandes d'enfants trisomiques parmi les « candidatures singulières ». Elle note qu'elles émanent de personnes qui répondent à l'un des trois critères suivants : « La pratique active d'une religion, une expérience antérieure du handicap et un ancrage professionnel[1] » auprès de personnes handicapées. Il n'y a pas d'incompatibilité entre les trois critères : la dimension spirituelle de l'être humain s'exprime naturellement dans le respect des plus fragiles vers lesquels on se tourne

1. Sophie Marinopoulos, Catherine Sellenet et Françoise Vallée, *Moïse, Œdipe, Superman... De l'abandon à l'adoption*, Fayard, 2003.

volontiers. La soif de transcendance s'étanche naturellement à la source de l'action humanitaire. Que certains pratiquent l'accueil inconditionnel, quand tant d'autres s'en sentent incapables, constitue un précieux signe de vie, dans une société déboussolée, en quête de sens.

Ceux-là ne sont ni meilleurs ni plus généreux que d'autres. Notre société fourmille heureusement de preuves de l'héroïsme au quotidien. La plupart des parents sont capables de sacrifier leur vie pour leurs enfants. Lors des attentats terroristes, s'est révélée la capacité de nos concitoyens à faire face par humanité et altruisme.

Le cœur du mycélium n'a qu'une spécificité : sa cohérence anthropologique. Alors que la société dérive, au milieu du gué, en quête de principes éthiques qui se révèlent précaires, inconstants, discutables, le mycélium est solidement arrimé. Même si les principes qui l'animent sont si exigeants que personne ne peut être certain de s'y tenir, sa boussole donnera toujours le sens : tout l'homme et tout homme. L'humanité ne se divise pas. C'est la boussole de l'écologie humaine. Elle a de quoi sécuriser chacun.

Accueillir autrui inconditionnellement, vivre dans la cohérence, respecter l'unité entre le corps et l'esprit, rester fidèle, tenir sa parole, transmettre... Ces intentions sont structurantes lorsqu'elles sont partagées. Elles dessinent une société durable, propice à la confiance. Attrayante et généreuse.

Il ne faut pas s'étonner de trouver, parmi les acteurs du mycélium, une forte proportion de personnes engagées dans des œuvres sociales et humanitaires, et une forte proportion des donateurs aux œuvres faisant appel au public pour leur financement.

Le mycélium n'est ni jeuniste ni gérontocrate. Il récuse autant le clivage entre les générations que la guerre des sexes. Tous les âges sont solidaires et participent à son émergence organique. L'un sème, l'autre récolte. Le grain qui meurt féconde le substrat. La permanence d'un organisme vivant est subordonnée à son renouvellement continu, à sa créativité. Les héritiers deviennent précurseurs. Alors que les idéologies totalitaires se fossilisent dans les livres d'histoire, le mycélium transmet sa fécondité.

Source inépuisable, force indéracinable

La puissance vitale du discret mycélium se joue de l'agitation de surface qui trouble la Terre, au fil des saisons : piétinement, sécheresse, inondations... Maillon primaire de la chaîne de la vie, le mycélium prospère dans l'humus, mais sait aussi attendre plusieurs années, sans mourir. Car il est résistant. Il survit sans fructification lorsque les conditions sont trop défavorables.

Pendant des années, la domination de la culture libertaire a cantonné les valeurs de l'écologie humaine dans les catacombes. Période de fécond enfouissement où ont été acquises de précieuses vertus : patience, endurance, fidélité. Comme dans les sociétés contenues par le joug apparemment incontestable d'un dictateur, l'oppression culturelle nourrit un immense désir. Désespéré pour certains. Rempli d'espérance pour d'autres. Le mycélium puise son énergie dans une source inépuisable : elle est spirituelle. Inutile de lister les lieux de ressourcement qui jouent le rôle d'accumulateurs d'énergie altruiste en compensation de la perte de vitalité de notre société. Des centaines de milliers de personnes y convergent chaque année, pendant quelques heures ou quelques jours, pour ensuite rayonner, et donner du fruit. Car le sel n'est pas fait pour rester en tas : c'est en se dispersant qu'il agit. Pour accomplir sa vocation de donner son goût à une substance, il s'y mélange et disparaît.

Aux antipodes de la caricature du ghetto, le mycélium de l'écologie humaine fait en effet corps avec le substrat dont il est impossible de le dégager. C'est un élément clé des écosystèmes. Aussi, par essence, l'écologie humaine fait corps avec les aspirations de la société qu'elle ne cesse de féconder. Elle est même son plus précieux moteur de transformation, si tant est que l'amour devrait être le véritable moteur de l'histoire. Les pouvoirs publics sont bien contents de bénéficier des œuvres du mycélium d'écologie humaine qui construisent des digues de protection et des havres de secours dans la société désolée. Quand ils veulent récompenser « la France qui s'engage[1] », c'est vers ces initiatives créatrices qu'ils se tournent spontanément. Ils n'en finissent pas de sonder le mystère de la motivation des fondateurs, sans voir que leur capacité à se donner vient de leur consentement à se recevoir.

1. Initié en 2014 par le président de la République, « La France s'engage » est un label qui récompense des projets innovants au service de la société. http://lafrancesengage.fr

Une promesse populaire

Alors qu'elle paraît portée par une minorité, dont l'état d'esprit altruiste semble contredire la pente naturelle de la société vers l'hyperindividualisme, l'anthropologie de l'écologie humaine reste attractive pour tous. Dépités devant la vitalité d'un mycélium résistant à leurs venins, les déconstructeurs ne découvrent pas seulement qu'ils ne sont pas parvenus à l'éradiquer ; ils se désolent aussi de voir qu'il répond aux aspirations les plus profondes du peuple. S'ils y réfléchissent, ils peuvent même reconnaître qu'ils ont été trompés par une idée fausse de la liberté : tout « mal » fonctionne en effet en « parasite du bien » ; il érige en absolu un but juste, pour justifier l'usage de moyens injustes, comme si tous les moyens étaient permis.

Quoi qu'il en soit, la maternité reste une valeur sûre. La fidélité aussi. La plupart des jeunes rêvent encore du grand amour. En témoignaient ces milliers de cadenas, que des amoureux avaient accrochés au fil des années sur le pont des Arts, à Paris... Le mariage fait encore rêver. Nous avons vu que la famille durable, creuset privilégié de la vie, restait la valeur refuge par excellence. Aujourd'hui, fonder une famille demeure le désir profond de la plupart des jeunes Français. Nous avons vu que l'année 2015 a même fait redécouvrir l'attachement à la nation et à son étrange hymne qui ose exalter, après des couplets martiaux, « l'amour sacré de la patrie ». Nous avons aussi dû constater que l'Europe, jugée technocratique et déconnectée des réalités quotidiennes, a progressivement perdu de sa consistance et de son éclat... Si les valeurs d'écologie humaine sont irrépressibles, c'est qu'elles ne se détachent pas du réel : l'attrait de l'âme humaine pour le beau, le bon et le vrai ne se dément pas.

Nous avons enfin constaté la soudaine et improbable réhabilitation des racines les plus anciennes de la France, invoquées par ses dirigeants quand « la patrie est en danger » d'éclatement. La métaphore du mycélium peut être poursuivie sur ce point : il est l'élément le plus durable de la biosphère. En l'an 2000, dans l'État américain de l'Oregon, on a découvert un mycélium (*Armillaria solidipes*) vivant depuis deux mille quatre cents ans : s'étendant sur une superficie de plus de 5 kilomètres de diamètre, il est considéré comme le plus vieux, le plus vaste et le plus lourd organisme vivant hébergé par notre planète.

Alors que notre société est entrée dans une phase de déconstruction assumée, pour ne pas dire de décomposition avancée, l'ancienneté, l'origine, la nature du mycélium d'écologie humaine sont prometteuses. Du fait de son enracinement paisible dans la réalité humaine, le temps joue en sa faveur, à condition de poursuivre son œuvre vitale, sans se lasser, sans se décourager, ni se laisser intimider par les fausses dominations qui tiennent encore le haut du pavé. Le tranquille mycélium est plus réel que la frénésie tempétueuse des émotions médiatisées. Il en est protégé. En phase avec les aspirations les plus nobles de l'humanité – besoin de respect et de reconnaissance, de proximité et d'entraide, d'histoire, de repères, de vérité –, il s'inscrit dans le temps long.

Le mycélium est une réponse au désenchantement. Quand le vent désolant de la vacuité fait tourbillonner les élus comme des girouettes, à quel leader de surface se fier ? À quel repère s'accrocher quand les projets politiques de la plupart des ténors des partis se construisent comme des châteaux de cartes, sur des sondages insignifiants, des crêpages d'ego ou de futiles plans de communication, fondations incertaines qu'une vague prévisible anéantira en un instant ? Sans base solide, la maison commune ne peut tenir. Le fondement du mycélium est plusieurs fois millénaire. Il a hérité d'une solide anthropologie qu'il sait universelle et porteuse de sens. De quoi nous rendre humbles devant l'histoire. Mais audacieux pour bâtir l'avenir.

Invincibles survivants

Faut-il rappeler le sort des grandes idéologies mortifères, aux projets définitifs, qui se sont affrontées au XXe siècle ? Quelques centaines de millions de victimes plus tard, communisme stalinien et nazisme hitlérien n'en reviendraient pas de constater la subsistance du mycélium de l'écologie humaine, s'ils étaient encore vivants... Ces chênes autoproclamés indéracinables, selon leur « sens de l'histoire », ont été abattus à grand fracas, à l'image du mur de Berlin que beaucoup de politologues croyaient indestructible jusqu'au jour de sa chute.

Certes, d'autres constructions mentales ont pris le relais, aux résultats plus insidieux, mais toujours mortels pour l'humanité : idéologies libertaire et ultralibérale désormais entremêlées; idéologies ultraféministes et du genre également connectées; scientisme et eugénisme complices... La nouvelle menace transhumaniste est prête à fusionner avec les précédentes. Autant de risques sérieux pour notre écosystème. Et même défi unique et magistral.

Fort d'avoir survécu aux élucubrations aussi mensongères que meurtrières qui comptaient l'éradiquer, le mycélium est bien armé pour relever ce défi. Ce qu'il produit au sein de la société est plus réel que les mirages superficiels qui fascinent l'œil, et l'objectif des caméras... Tenu à l'écart de bien des instances officielles, de la culture dominante et de sa pensée unique, le mycélium n'en est que plus puissant. Il est préservé des chimères de la vaine politique, de la lumière artificielle des projecteurs médiatiques et des modes. Il ne fait pas de bruit. Il foisonne et se ramifie. L'élan vital qui l'anime régénère sa propre force. Elle est politique, au quotidien. «Les individus, constatait encore Václav Havel, ressentent de façon de plus en plus impérieuse le fait que, moins une politique prend pour point de départ le "ici et maintenant" concret et humain, plus elle s'attache à un "là-bas" et à un "un jour" abstraits, et plus facilement elle risque de devenir une nouvelle variante de l'asservissement humain[1].»

Cet humble «ici et maintenant» du mycélium d'écologie humaine permet d'aborder sereinement le

1. Václav Havel, *Essais politiques*, *op. cit.*

défi monumental posé par l'arrogance du scientisme à l'humanité future. Il permet d'envisager lucidement la résistance de l'homme fragile au surhomme invulnérable. Cela suppose de décrypter maintenant comment s'articulent l'eugénisme actuel et le fantasme d'un avenir transhumaniste. Afin, ensuite, de poser des principes d'action pour ceux qui veulent choisir l'homme.

TROISIÈME PARTIE

CHOISIR L'HOMME : L'URGENCE DE L'ÉCOLOGIE HUMAINE

7

L'homme fragile face à l'homme augmenté

Notre obsession pour la santé publique, l'épanouissement individuel et le bien-être général constituerait-elle une menace pour l'extraordinaire biodiversité humaine ? Aseptiser l'existence est une grande tentation technicienne. La pasteurisation technocratique des fromages trouverait ici son pendant anthropologique : simplifier l'homme, le réduire à de la chimie et des données, suppose de mépriser à la fois sa vulnérabilité, sa complexité et son mystère. Et si l'homme était en train de se retourner contre lui-même ?

Pour nettoyer l'humanité, on s'acharne d'abord à éliminer l'imperfection génétique afin de glisser vers la garantie trouble d'une pureté de la race, avant de s'engager tête baissée vers l'amélioration de l'espèce. Un nouveau totalitarisme se profile. Il est technologique. Ce n'est plus de la science-fiction : non contente de s'être inconsciemment stérilisée par l'abus des pesticides et autres polluants chimiques, l'humanité s'applique déjà à elle-même les techniques de reproduction inventées par les vétérinaires pour sélectionner les meilleurs animaux domestiques. Et certains pronostiquent leur inéluctable généralisation. Promesse incompatible avec les exigences de l'écologie humaine ? Il faut repartir du début.

Vivre sans souffrir ?

Au commencement, il y a la vie. Magnifique ! Puis aussitôt la souffrance : douleurs physiques, souffrances morales, psychiques, sociales, spirituelles... Vivre, c'est souffrir. Le bonheur est à ce prix. La société meurt de croire que la félicité est incompatible avec la peine, les larmes et les frustrations. Qui peut prétendre échapper à la succession des deuils en commençant par celui du liquide amniotique, du cordon ombilical et du sein maternel ? Il a aussi fallu quitter le cocon familial, conquérir sa liberté. Vivre sera toujours risqué, car la vie nous expose. Amours impossibles, rêves déçus, projets abandonnés, pertes, abandons, désillusions, oublis, ruptures, parfois trahisons. Tout angélisme serait mortel. « Il n'y a qu'un danger, s'épargner la souffrance de vivre[1] », résume le philosophe Martin Steffens.

Question souffrance, il faut dire, nous avons un sacré atavisme : les innombrables morts maternelles de nos généalogies restent enfouies dans notre mémoire transgénérationnelle. Elles nous rappellent à quel prix ce cadeau de la vie s'est transmis jusqu'à chacun de nous. C'est le prix du sang.

1. Martin Steffens, *La Vie en bleu. Pourquoi la vie est belle même dans l'épreuve*, Marabout, 2014, p. 77.

Mais nous devons aussi la réussite de cette transmission de la vie à l'intelligence de l'homme, aux fulgurants progrès de la médecine. Au XVIIIe siècle, un nouveau-né français sur trois n'atteignait pas son premier anniversaire... Nous avons gagné vingt-cinq ans d'espérance de vie en un siècle ! Désormais, ce sont les accidents de vie – généralement tardifs – qui manifestent notre fragilité intrinsèque. Nous sommes donc tous bénéficiaires et héritiers d'une biologie naturelle et de l'innovation culturelle. Il ne s'agit ainsi ni de mépriser la technique ni de l'absolutiser, mais de lui donner sa juste place, sous l'autorité de la conscience. Histoire de ne pas nous laisser ruiner corps et âme par ses abus. Ou par ses folles promesses.

Prétendre que la science peut éradiquer toute souffrance est la mortelle illusion contemporaine. C'est là que se dessine le point de rupture : la société postmoderne est en passe de confondre le devoir de combattre la souffrance avec l'injonction de la vaincre. Éradiquer la souffrance, c'est, ni plus ni moins, la mission nouvelle, exorbitante, que conférait à la médecine Pierre Simon dans son essai emblématique, paru en 1979, *De la vie avant toute chose*[1]. Membre de plusieurs cabinets ministériels dans les années 1970, le docteur Simon fut à l'origine de multiples lois sociétales. Vaincre toute souffrance est devenu l'alibi de multiples transgressions éthiques. Ainsi, la fragilité sert de prétexte à la toute-puissance. Problème : quand la science congédie la conscience, sa

1. Pierre Simon, *De la vie avant toute chose*, Mazarine, 1979.

fin devient extravagante et lui semble justifier les pires moyens, sous couvert du mot « progrès ».

Car le scientifique se pose alors en succédané du Messie, libérateur et sauveur. Le professeur Bernard Debré synthétise ainsi avec brio sa promesse de paradis terrestre : « Bientôt, les femmes n'auront plus besoin de porter leurs enfants ni de père pour procréer. Des organes d'animaux attendent partout dans le monde d'être greffés sur des humains. Des appareils permettront aux aveugles de voir, aux sourds d'entendre, aux paralytiques de marcher. De nouveaux médicaments nous maintiendront jeunes et efficaces bien au-delà de cent ans. Immortels ? Peut-être. L'ordinateur sous-cutané décuplera nos possibilités sensorielles. Puis commencera la mutation totale. On pourra intervenir sur les embryons, les améliorer. Créer la vie[1] ? »

Peines et malheurs, aubaine pour les démolisseurs

Nous avons vu que le besoin d'un foyer est vital et irremplaçable pour l'enfant... C'est la raison pour laquelle le manque de famille mais aussi les scandaleuses blessures infligées au sein de la famille s'apparentent à des profanations de notre humanité. Quant au sexe, il est carrément « identitaire », indéracinable, sauf à porter atteinte à l'être. Mais voilà : tout ce qui est blessé chez

1. Bernard Debré, *La Grande Transgression : l'homme génétiquement modifié*, Michel Lafon, 2000.

l'être humain dans son écosystème originel, son mode d'engendrement, sa famille et son identité sexuée provoque des tourments durables, d'une particulière gravité. Aubaine pour les démolisseurs qui se saisissent de ces peines pour prétendre effacer ces repères. Prétexter les scandales familiaux pour vilipender la famille est l'une de leurs obsessions. Ils sont acharnés à contester la règle par l'exception. La technique est éprouvée.

Il a toujours existé, sur ces sujets, des marges et des transgressions dont personne ne peut se dire indemne. Sinon, à quoi servirait-il de poser des principes, des lois et les limites ? Mais c'est quand l'exception prétend devenir la règle que l'équilibre de l'écologie humaine est structurellement menacé. Ce processus d'inversion entre les marges et la norme suppose de retourner en profondeur le terreau social au risque, comme dans les labourages excessifs, de faire perdre à la société sa fécondité... En faisant apparaître l'«*underground*» comme modèle culturel, on enterre les fondamentaux de l'écologie humaine. La société s'en retrouve sens dessus dessous. Chamboulée.

Revendiquées comme banales, certaines transgressions juste «provocatrices» devraient perdre de leur attrait en devenant la norme. Mais quand la norme altruiste fait figure de transgression, elle encourt à son tour un jugement d'ordre moral douloureusement injuste...

La tyrannie du possible

Ceux qui accueillent en conscience un enfant dont le handicap a été détecté avant la naissance sont de plus en plus en butte à la condamnation publique. La raison de l'épreuve que l'humble sagesse populaire attribuait au destin a glissé pour peser sur les parents. « *Quid* de la terrible responsabilité des parents qui décident de la naissance d'un enfant trisomique, responsabilité vis-à-vis de l'enfant, de sa fratrie et de la société[1] ? », a osé lancer Jacqueline Herremans, la présidente de l'Association pour le droit de mourir dans la dignité (ADMD) de Belgique, ouvrant une polémique sur Twitter.

Une inversion du même type est également en cours avec les techniques de procréation artificielle. Comme son nom l'indique, la « procréation médicalement assistée » était initialement promue pour permettre aux couples souffrant d'une infertilité médicalement constatée de procréer. Elle a progressivement dévié vers la toute-puissance. À partir du moment où l'enfant tant désiré était conçu *in vitro* – au terme d'un processus pénible, incertain, long et coûteux –, il fallait garantir la qualité du « produit fini » tout en optimisant le rendement du « processus de fabrication ». Les embryons sont triés à cette fin : auscultés, notés, sélectionnés. Traités comme des produits industriels. Puis l'offre

1. https://twitter.com/herremans_/status/689876570484400128, 20 janvier 2016.

technique a fait exploser la demande sociale : femmes seules, ménopausées, veuves, couples homosexuels... Dans maints esprits, le possible est devenu exigible : congélation et décongélation d'embryons, insémination *post mortem*, diagnostic et tri préimplantatoires, bébés-médicaments, PMA pour tous... La loi peine à résister aux revendications obsessionnelles qu'elle a induites en ouvrant la porte. Que répondre à ceux qui expliquent sans ciller que les demandeurs de PMA homosexuels ou les célibataires souffrent soudain d'une « infertilité sociale » discriminatoire ouvrant droit à réparation technique ?

« On est lesbiennes, on veut du sperme ! » Ce panneau brandi par Act Up pour interrompre un débat[1] de la fondation Terra Nova va droit au but : l'« argument » peut être lu dans ce qu'il a de poignant, derrière sa crudité provocatrice. Tout être humain est en quête de fécondité, de don de soi, d'un amour qui le dépasse. Dans une société où s'est répandu l'accès au donneur anonyme pour pallier l'infertilité, faut-il s'étonner que des militantes homosexuelles « réclament leur dose » au nom du refus de la discrimination, quitte à avouer en cette occasion qu'elles réduisent le mâle à un fournisseur de semence ? Ce slogan a le mérite de nous faire mesurer jusqu'où va la société liquide quand l'homme n'est plus vu qu'avec mépris, par le petit bout de sa lorgnette. Act Up va jusqu'au bout de l'absurde dans sa logique destructrice... Seule

1. Le 7 avril 2010. Il s'agissait de « faire taire » Christine Boutin et Geneviève Delaisi de Parseval qui débattaient de la famille.

une cohérence anthropologique permettrait de réagir à armes égales.

La colère victimaire est le carburant des militants d'Act Up. Ils sont le pur produit d'une société éclatée, autocentrée et immature, incapable de valoriser les limites comme condition du vivre-ensemble. Les grands slogans de Mai 68 comme «Jouir sans entrave» et «Il est interdit d'interdire» ont inauguré cette brutalité propre à l'adolescence. La révolution de l'écologie humaine a besoin d'artisans humbles et cohérents, capables de s'autolimiter. Ils craindront d'autant moins de débattre avec les victimes de leur propre individualisme.

Dans toute société, à commencer par la famille, l'école, l'entreprise, etc., la frustration de certains désirs est la condition de la paix sociale. La protection des petits réclame l'héroïsme des puissants. Ce n'est qu'à ce prix que les faibles peuvent être protégés des forts. L'injonction à se soumettre à la tyrannie du désir est le propre des sociétés hyperindividualistes. Les droits de l'homme dévoyés, devenu libéraux-libertaires, s'y mordent la queue. En devenant droits des forts, ils se font liberticides.

Un exemple édifiant de renoncement à la toute-puissance a été donné en 2013 par une femme homosexuelle militant contre la loi Taubira : «Qui suis-je pour décider de priver définitivement un enfant d'avoir un papa ? En prenant cette décision, est-ce que je ne prends pas le risque de lui faire porter le poids d'un désir profond, sincère et aimant mais trop lourd à porter pour lui ? Car à la fin, il faut bien l'avouer : oui, comme tout un chacun, je rêverais d'avoir un enfant, et même plusieurs (soyons folles !). Mais les recettes pour le fabriquer sans papa ont un goût amer... À l'amer, je préfère l'amour et c'est donc par amour que je ne serai pas mère[1]. »

Céder à toute revendication dictée par le désir, c'est embrasser une logique qui contredit à la fois la liberté, l'égalité et la fraternité.

À terme, ce sont les véritables droits de l'homme qui sont bafoués. L'eugénisme contemporain en est le signe le plus implacable. Et ce n'est pas le moindre des paradoxes : la société qui tend à ériger la transgression en norme est celle qui établit les plus sévères normes à l'entrée dans la vie.

Glissement vers l'eugénisme démocratique

Comme le reconnaît lui-même le biologiste Jacques Testart, pionnier de la fécondation *in vitro* en France, les nouvelles techniques de la biologie induisent en effet leurs dérives eugéniques intrinsèques. À entendre l'auteur de *Faire des enfants demain*[2], le scénario du film *Bienvenue à Gattaca*[3], où il est carrément interdit de faire l'amour pour procréer afin de maîtriser la qualité des humains,

1. Témoignage sur le site du collectif Homovox, « Sophie, lesbienne, contre le projet de loi Taubira », 28 janvier 2013, http://homovox3.rssing.com/chan-9759672/all_p1.html#item6
2. Jacques Testart, *Faire des enfants demain*, Le Seuil, 2014.
3. Film d'anticipation réalisé par Andrew Niccol et sorti en France en 1998.

n'est pas si loin. Mais il advient de façon douce. Le processus est celui du glissement culturel : on commence par lutter contre la maladie (quitte à éliminer le malade) pour aboutir à un système généralisé d'optimisation de la race, exactement celui dont rêvaient les pères de l'eugénisme comme le cousin de Darwin, Francis Galton, qui inventa le mot en 1883, et le prix Nobel de médecine français Alexis Carrel. Auteur en 1935 de *L'Homme, cet inconnu*[1], le docteur Carrel se désolait que « la sélection naturelle [n'ait] pas joué son rôle depuis longtemps » car « beaucoup d'individus inférieurs ont été conservés grâce aux efforts de l'hygiène et de la médecine ». Carrel prônait un eugénisme brutal pour « changer l'univers ». La complicité des eugénistes occidentaux avec les horreurs de l'Allemagne nazie a heureusement fait rejeter leurs thèses aussi cruelles qu'autoritaires. Mais c'est par un biais « démocratique » que l'eugénisme est revenu : à la demande des parents, encouragés par les soignants et accompagnés par la puissance publique. Le professeur Didier Sicard l'a courageusement dénoncé le premier, quand il présidait le Comité consultatif national d'éthique : « Osons le dire : la France construit pas à pas une politique de santé qui flirte de plus en plus avec l'eugénisme[2]. » D'abord, donc, il s'agit d'éliminer le handicap. Un solide mobile économique conduit les pouvoirs publics à s'impliquer dans cette tâche.

1. Alexis Carrel, *L'Homme, cet inconnu*, Plon, 1935.

2. Michel Alberganti, Jean-Yves Nau, « La France au risque de l'eugénisme », *Le Monde*, 3 février 2007, http://www.lemonde.fr/planete/article/2007/02/03/la-france-au-risque-de-l-eugenisme_863262_3244.html

Interviewé en 2014 par Bastamag, Jacques Testart prévoit la prochaine généralisation de la sélection anténatale : «L'État finira par proposer un *screening* (dépistage) à tout le monde, comme pour la trisomie 21, car c'est plus intéressant économiquement de financer le dépistage de personnes "à risques" que de payer des frais de santé durant toute une vie[1].»

De l'élimination des non-conformes à l'optimisation des hommes, il n'y a qu'un pas, celui qui nous sépare du marché du bébé à la carte. Testart le voit se dessiner : «Il apparaît possible de transformer des cellules de peau en ovules et donc d'obtenir des embryons innombrables parmi lesquels on pourra choisir le "meilleur".» Avec l'explosion de l'offre de PMA, en quelques décennies, des sociétés occidentales ont effectivement dérivé de l'intervention exceptionnelle, destinée à pallier l'infertilité de certains couples, à la perspective du bébé industriel. Il est déjà en vente, pratiquement sur catalogue, dans de nombreux pays.

Sa généralisation est-elle inscrite dans la logique de la PMA ? Le gynécologue Richard Balet témoignait, dans le documentaire *Vivre en 2040-Naître en 2040*[2], de l'état d'esprit de certains de ses confrères : «Quand j'ai commencé à faire de la fécondation *in vitro*, à Toronto,

1. Agnès Noël, «Jacques Testart : "Demain, il n'y aura plus de limite au tri génétique"», Bastamag, 19 mars 2014, http://www.bastamag.net/Jacques-Testart-Demain-il-n-y-aura

2. Aurine Crémieu, *Vivre en 2040 – Naître en 2040*, France 5, 5 avril 2010, http://www.dailymotion.com/video/xcym0t_vivre-en-2040-naitre-en-2040_news

un médecin avait dit : "Il paraîtra inconcevable aux générations futures de penser qu'autrefois on pouvait faire un bébé *comme ça* et qu'on accepterait d'avoir des enfants mal formés, malades, etc." Pour ce médecin, l'idée de l'avenir était celui du meilleur des mondes d'Huxley : faire un enfant passera indubitablement par un centre de procréation. Faire un bébé sera vraiment une affaire sérieuse. » L'exception de la procréation artificielle pourrait donc devenir la règle ? Robert Edwards, le pionnier anglais des bébés-éprouvette, annonçait lui aussi l'émergence d'une nouvelle morale. En 1999, au cours d'une conférence au Galton Institute (ancienne société eugénique), il déclarait : « Bientôt, ce sera un péché des parents d'avoir un enfant qui portera le lourd fardeau d'un désordre génétique. Nous entrons dans un monde où nous devons considérer la qualité de nos enfants[1]. »

Exit l'imprévisible bébé bio fabriqué « à la papa », inconditionnellement accueilli, au profit du bébé de laboratoire, taillé sur mesure, et bientôt génétiquement modifié ? La résistance écologique pourrait bien commencer sous la couette.

La grande transgression génétique

L'autorisation donnée à une chercheuse par les autorités britanniques d'expérimenter sur l'embryon humain

1. David King, « Anti-Eugenics Protest in London at Galton Society », Center for Genetics and Society, 21 novembre 1999, http://www.geneticsandsociety.org/article.php?id=2932

la technique révolutionnaire de modification du génome dénommée CRISPR-Cas9 a fait franchir à l'humanité une ligne rouge inédite. Utiliser cette technique, récemment découverte, sur des cellules somatiques ne pose pas de problème éthique. Mais l'utiliser sur des cellules germinales (gamètes) ou sur un embryon en vue de faire naître un enfant modifie la totalité de son génome et rend ces modifications transmissibles aux générations suivantes. En Grande-Bretagne, ces embryons devront être détruits, précise l'autorisation. Pour le moment du moins. Quoi qu'il en soit, modifier un génome au stade embryonnaire, c'est créer le tout premier HGM (humain génétiquement modifié). La porte est ouverte alors que personne n'est en mesure de dire les conséquences en cascade des mutations génétiques que nous provoquerions avec une justification thérapeutique.

Car le mobile est tout trouvé : étudier l'homme pour le réparer. Nous ne manquons pas de situations dramatiques où une grave maladie d'origine génétique, généralement héréditaire, fait ardemment désirer cette réparation du génome. La technique du CRISPR-Cas9 permet de couper de façon ciblée une partie de l'ADN, responsable d'une pathologie, par exemple, et d'éventuellement la remplacer. C'est une sorte de copié-collé à l'échelle des gènes. Elle est tellement simple à mettre en œuvre et si peu coûteuse que, en cas de résultat concluant, les pressions pour passer de l'expérimentation qui détruit l'embryon à la réparation en vue de la naissance d'un bébé OGM, indemne de l'anomalie, risquent d'être irrépressibles.

Les conséquences d'une telle transgression sont cependant abyssales. Le génome est un élément clé du patrimoine mondial de l'humanité. Comme souvent dans des phases de mise en œuvre d'une nouvelle technique, le résultat positif attendu devrait s'accompagner de multiples conséquences incertaines, ne serait-ce que parce que le fonctionnement des gènes est encore très mystérieux : effets indésirables, dégâts collatéraux, ruptures d'équilibre... Nul ne sait, au point que de nombreux scientifiques – fait rare – ont demandé aux autorités politiques un moratoire[1] mondial sur l'utilisation du CRISPR-Cas9 sur des embryons ou des cellules germinales (ovocytes et spermatozoïdes). Ils savent qu'une mutation du génome de l'*Homo sapiens* peut entraîner en quelques générations des conséquences imprévisibles[2]. Transmettre un gène humain mutant, c'est jouer aux apprentis sorciers. Nouvelle catastrophe d'écologie humaine en vue ? Quand il s'agit de l'homme, un impératif de protection devrait s'imposer.

Découvreur de la structure de l'ADN, James Dewey Watson ne s'embarrassait pas de telles précautions. Lors d'une conférence en 1998 sur la thérapie germinale, le prix Nobel de médecine et de physiologie a déclaré : « Il faudra que certains aient le courage d'intervenir sur

1. Edward Lanphier, Fyodor Urnov, Sarah Ehlen Haecker, Michael Werner et Joanna Smolenski, « Don't Edit the Human Germ Line », *Nature*, 12 mars 2015, http://www.nature.com/news/don-t-edit-the-human-germ-line-1.17111

2. *Cf.* « CRISPR-Cas9 : la modification du génome humain en question », 9 février 2016, http://www.alliancevita.org/2016/02/crispr-cas9-la-modification-du-genome-humain-en-question/

la lignée germinale sans être sûr du résultat. De plus, et personne n'ose le dire, si nous pouvions créer des êtres humains meilleurs grâce à l'addition de gènes (provenant de plantes ou d'animaux), pourquoi s'en priver ? Quel est le problème[1] ? » Même enthousiasme chez le généticien Daniel Cohen, cofondateur du Généthon : « À bas la dictature de la sélection naturelle, vive la maîtrise humaine du vivant ! proclamait dès 1993 l'actuel directeur général de Genset. Car à quoi bon se voiler la face ? poursuit-il. Il est évident que l'homme, dans un avenir plus ou moins proche, aura le pouvoir de modifier son patrimoine génétique. » Francis Crick, l'autre codécouvreur de la structure de l'ADN, se fait plus menaçant : « Aucun enfant nouveau-né ne devrait être reconnu humain avant d'avoir passé un certain nombre de tests portant sur sa dotation génétique[2]. » Et la peine tombe ; elle est capitale : « S'il ne réussit pas ces tests, il perd son droit à la vie. »

Les fragiles en boucliers humains

Comment faire avaler à l'humanité les fantasmes de toute-puissance des scientistes dont les desseins grandiloquents et vite inhumains devraient être inavouables ?

1. « L'Homme-Dieu : enquête sur la fabrique du surhumain », *Courrier international*, n° 529-530, 20 décembre 2000, p. 48.
2. Pierre Thuillier, « La tentation de l'eugénisme », *La Recherche*, spécial « La génétique et l'hérédité », n° 155, 1984 (reprise de la citation originelle de Francis Crick de janvier 1978 et citée dans *Pacific News Service*).

Beaucoup ont trouvé la solution : utiliser en paravent les personnes handicapées ou malades, porteuses de maladies génétiques orphelines. Voire les mobiliser en ambassadeurs. Elles souffrent de leur handicap... Beaucoup sont « prêtes à tout » pour trouver une solution. Leur voix est incontestable. Il n'est pas très difficile de noyer la conscience du public sous des flots d'émotion. C'est ainsi que nombre d'adeptes de l'homme zéro défaut se sont réfugiés dans les structures créées par des personnes concernées par le handicap où ils se posent en bienfaiteurs de l'humanité. Ils y apprennent à « réparer » l'homme, ou plus souvent à le trier, avant d'afficher leur objectif de l'augmenter.

Il faut reconnaître que la frontière entre réparation et augmentation est ténue, comme l'ont montré les controverses autour de l'athlète « handisport » sud-africain Oscar Pistorius. Suspecté de disposer, avec ses prothèses en fibre de carbone, d'un avantage à la course à pied sur les valides, il a tour à tour été interdit et autorisé à les affronter aux jeux Olympiques. « Si je voulais faire émerger l'amélioration génétique de l'homme par l'homme, expliquait en 2003 le biophysicien Gregory Stock, qui milite contre toute entrave aux innovations scientifiques sur l'homme, par exemple le clonage, je ferais exactement ce qu'il est en train de se passer : je mènerais un large projet international de décodage du génome humain comme le Human Genome Project, auquel la France participe ; je favoriserais les pratiques de fertilisation *in vitro* et de diagnostic préimplantatoire pour éviter les maladies génétiques ; et, bien sûr, je développerais aussi les techniques de manipulation du patrimoine génétique des cellules[1]... » Les personnes déjà nées avec un handicap ou une pathologie servent donc de caution et de tremplin aux praticiens de l'eugénisme qui promettent d'éliminer leurs semblables avant la naissance... Le tour est joué.

Il a suffi de faire sauter le verrou originel – affranchir la procréation de la relation sexuelle – pour ouvrir le champ des possibles et prétendre tout dépasser. Ou tout casser.

Progresser pour dépasser l'homme ?

L'entreprise de démolition s'attaque désormais au gros œuvre : nos limites. Le corps, sexué ; le temps, compté ; la mort, inéluctable. Limites interconnectées, car nous sommes tous à la fois reliés et limités par la vie terrestre. Frustrations insupportables pour l'homme hyperindividualiste de la société liquide. Pourquoi ne pas dynamiter ces limites, sortir du cadre imposé, s'extraire de la méprisable condition humaine pour s'envoler à la manière d'une cigale abandonnant sa mue rampante ? Il suffirait de remodeler son corps, de choisir son sexe et de sortir du temps en s'affranchissant de la mort.

Pour certains, la fragilité de l'*Homo sapiens* basique fera un jour partie d'un temps révolu, presque honteux.

---

1. Gregory Stock, *Redesigning Humans : Our Inevitable Genetic Future*, Houghton Mifflin, 2002, cité dans Alexandre Piquard, « Essayer d'empêcher les bébés OGM ? Autant pisser dans un violon ! », Transfert.net, 3 juillet 2003, http://www.transfert.net/a9071

Le temps de l'homme-animal. Pour affronter la suite de l'histoire, il lui faut changer de nature. Devenir homme-dieu. C'est l'avis du puissant courant de pensée qui s'active pour affranchir l'humanité de l'évolution, jugée à la fois trop lente, trop chaotique et trop contraignante. Ils nous promettent un nouvel homme.

Pour dépasser nos limites, nous savons qu'ils tablent sur la stupéfiante révolution technologique des fameuses NBIC : nanotechnologies, biotechnologies, informatique et sciences cognitives. Non seulement elles progressent de façon exponentielle, déjouant régulièrement les prévisions les plus audacieuses, mais elles convergent pour s'associer. L'informatique s'est acharnée jusqu'à aujourd'hui à confirmer la « loi de Moore », du nom d'un des fondateurs d'Intel qui avait prédit, en 1965, que les progrès des processeurs (vitesse de travail, miniaturisation, baisse du coût...) se produiraient selon une progression géométrique. Les plus petites puces commercialisées faisaient 10 000 nanomètres en 1971 (il y a 1 milliard de nanomètres dans 1 mètre) et 180 nanomètres en 2000... Elles mesurent 14 nanomètres en 2016. En 2020, on pourrait passer à 2 nanomètres, c'est-à-dire dix atomes de large... Puis on devrait caler – la loi de Moore vient d'être officiellement abandonnée – pour viser d'autres progrès fulgurants au travers d'une autre révolution technologique. Jamais, effectivement, dans l'histoire de l'humanité, nous n'avons connu pareil rythme. Au point qu'au Kenya, où trois personnes sur quatre possèdent un téléphone portable, un guerrier massaï, avec son téléphone cellulaire, est désormais plus « connecté » que le président des États-Unis d'il y a quelques dizaines d'années...

En génétique, les progrès sont aussi exponentiels. Le premier séquençage génétique complet a coûté 2,7 milliards de dollars en 2003. Aujourd'hui, des sociétés proposent aux particuliers de séquencer leur génome pour quelques centaines de dollars, à partir d'un échantillon biologique... Ce travail consiste à lire la succession des quatre bases (molécules) qui constituent l'ADN d'un individu et, considérant les gènes communs à tous les hommes, à relever les « différences » et leur signification.

On peut s'interroger sur la pertinence de ces procédés commercialisés qui sont destinés à la détection ou à la prévention de certaines maladies, ou à des travaux d'identification de parenté ou d'histoire familiale. Le séquençage à la demande de particuliers a beau être illicite en France, il s'obtient facilement par correspondance après envoi d'un échantillon de cheveu, de salive ou de sang... D'énormes enjeux éthiques sont d'ores et déjà soulevés.

Avec les progrès génétiques, disposer du séquençage d'une personne pourrait donner accès à des informations intimes, confidentielles, voire secrètes, tant sur sa généalogie que sur ses prédispositions à diverses pathologies. On imagine sans peine son exploitation par des employeurs, des sociétés commerciales ou d'assurances... Avec le risque de réduire une personne à son patrimoine génétique, alors même que la compréhension de l'impact des gènes et de leurs interactions complexes demeure extrêmement imparfaite... De nouvelles questions jaillissent : qui aura

« le droit de savoir » ? Mais aussi : aurons-nous le droit de ne pas savoir ?

Par ailleurs, nous l'avons vu, grâce aux progrès de la biologie moléculaire, l'homme est à la veille d'être en capacité de modifier son génome, pour le meilleur ou pour le pire.

Il faut ajouter les progrès constants des neurosciences : les scientifiques sont capables de brancher directement des prothèses sur les cerveaux : elles sont commandées par la pensée. Ils ont même réussi à connecter deux cerveaux de telle sorte qu'un être humain peut désormais effectuer un geste sur l'ordre du cerveau d'un autre individu, situé à distance. Bien des repères anthropologiques sont en train de s'effondrer, au point que la distinction homme-machine est désormais sérieusement discutée.

Les adeptes du posthumanisme pronostiquent ainsi la fusion prochaine entre l'homme et la machine : ce sera le « point de singularité ». Il devrait advenir dans quelques dizaines d'années. L'homme aura alors créé un surhomme, un cyborg (organisme cybernétique). Au moment même où il sera devenu créateur, l'*Homo sapiens* sera donc surpassé en créativité par sa propre créature qui aura échappé à son animalité. Étrange paradoxe, mais aussi fascinante perspective qui donne des ailes à nos nouveaux Icare. L'Américain Tom Mitchell est l'un d'eux. Spécialiste de l'intelligence artificielle, il axe ses recherches sur l'apprentissage automatique et la neuroscience cognitive. Mitchell ne cache pas ses ambitions illimitées pour un homme déjà en pleine mutation : « La technologie change tout, bien sûr : qui nous sommes, ce que nous sommes, comment nous travaillons, comment nous nous percevons. Si nous sommes créatifs, si nous sommes intelligents, nous décollerons de niveau en niveau, jusqu'à atteindre le ciel[1]. » Peter Diamandis, l'emblématique cofondateur de l'université de la Singularité, multiplie également les professions de foi en la science. Chantre de l'abondance contre la frugalité, refusant toute idée d'autolimitation, Diamandis table sur le génie de l'homme pour se garantir contre les conséquences nocives de ses prises de risques... À l'entendre, nous serions pour ainsi dire condamnés à la fuite en avant, avec la garantie de nous en sortir par le haut. Car lui aussi prophétise notre ascension, grâce à la mise en réseaux des cerveaux et des machines : « Nous serons comme des dieux : omniscients, omnipotents, omniprésents... explique Diamandis, avant d'ajouter immédiatement à l'intention des récalcitrants : Se débrancher se fera au prix d'une immense solitude[2]. » Terrassé comme un adolescent soudain exclu de Facebook ?

Décoder l'homme pour le reproduire

Malaise : la promesse d'une salutaire interconnexion résonne comme une menace... Et chacun de se rendre compte qu'il est peut-être déjà pris dans les filets d'Internet

1. Philippe Borrel, « Un monde sans humains », Arte, 23 octobre 2012, https://www.youtube.com/watch?v=QkFRxbXbYdQ
2. Peter Diamandis, *Are We ALL Becoming God? Singularity and Evolution*, 12 septembre 2015, https://www.dailymotion.com/video/x36hl8k

et des nouvelles technologies. Sont-elles libératrices ou aliénantes ? À chacun de discerner s'il n'en est pas devenu progressivement dépendant, sans l'avoir décidé. Ne sommes-nous déjà pas forcés d'*upgrader* régulièrement nos logiciels et notre matériel avant de consentir à notre propre augmentation ? Obligés d'embarquer dans le train du progrès exponentiel et illimité, pour ne pas être abandonnés comme des ballots sur le quai. Nous sommes tous les clients captifs de firmes technologiques monopolistiques ultrapuissantes qui finiraient presque par prétendre nous connaître mieux que nous-mêmes, à force de compiler les données sur nos préférences.

La domination économique, culturelle et politique des « big five », regroupés sous le sigle GAFAM pour Google, Apple, Facebook, Amazon et Microsoft, est déjà inédite. Tout les intéresse : santé, transport, culture. Elles ont acquis, au début du XXIe siècle, le statut des firmes industrielles d'avant la Première Guerre mondiale : des idoles. Leur ambition est d'ailleurs sans limites avec une puissance qui dépasse déjà largement celles d'États importants. Rien de ce qui concerne l'homme ne leur est étranger. La façon dont elles compilent les données en temps réel leur donne un énorme avantage pour comprendre le monde : détecter par exemple l'évolution d'un marché, l'émergence d'un courant de pensée, l'état d'une épidémie. Et les voilà donc qui investissent désormais des milliards de dollars pour... vaincre la mort. En commençant par viser l'allongement considérable de l'espérance de vie.

Autre cofondateur de l'université de la Singularité, le «pape de la transhumanie», Ray Kurzweil, dépense «quelques milliers de dollars par jour» afin de financer la centaine de pilules qu'il ingurgite pour rester en bonne santé. Charité bien ordonnée... Notre homme a été embauché par Google en 2012 comme directeur du développement informatique et travaille avec sa filiale dédiée Calico[1], avec l'objectif de tordre le cou à la mort.

Jeune prodige de l'université de la Singularité, David Dalrymple, mathématicien et spécialiste du contrôle cérébral, travaille à modéliser sur ordinateur le cerveau d'un ver. Il entend progressivement passer à l'homme et explicite son rêve d'immortalité : «Si on pouvait découpler l'individu de son propre corps biologique et faillible, on ne serait plus obligé de considérer la mort comme aujourd'hui. On pourrait sauvegarder nos consciences sur des disques durs ou autres supports numériques et du coup atteindre une longévité infinie[2]». Pour les disciples de Kurzweil, l'homme est réductible à son cerveau, et ce dernier n'est qu'un superordinateur, «un système d'apprentissage adaptatif» qu'il évalue à «environ 25 millions de bits, soit 1 million de lignes de code». Finalement assez peu en comparaison de Microsoft Office 2013 qui totalise 45 millions de lignes de code. Pour Kurzweil,

---

1. Calico est une société de biotechnologies fondée le 18 septembre 2013 par Google, dans le complexe secret Google X Lab, avec le but avoué de se concentrer sur le défi de la lutte contre le vieillissement et les maladies associées et avec pour projet de «tuer la mort».

2. *Cf.* Denis Delbecq, «Les transhumains débarquent sur Arte ce soir», *L'Express*, 23 octobre 2012, http://www.lexpress.fr/actualite/sciences/video-les-transhumains-ont-debarque_1175590.html

c'est en 2029 qu'un ordinateur atteindra le niveau d'intelligence de l'homme.

Controverse sur l'intelligence artificielle

Pour ce genre de sommité, être un homme ou une femme n'aura plus grand sens, et l'avenir nous promet une joyeuse explosion des limites dans lesquelles l'humanité semble enfermée : « Bien sûr, vous pourriez être n'importe qui. Un couple peut s'interchanger[1] », raconte Kurzweil. Pas très rassurant de savoir que ce type de personnalité sans limites développe aujourd'hui chez Google le perfectionnement des recherches en ligne... Le monde scientifique n'est d'ailleurs pas unanime. Dérivons-nous vers « un monde sans humains » ? Pour Elon Musk, autre prodige, fondateur de multiples sociétés technologiques et investi actuellement dans de sérieux projets avant-gardistes, dont celui d'une colonisation de la planète Mars et un système révolutionnaire de stockage d'énergie, il faut s'engager pour que l'intelligence artificielle puisse « bénéficier à l'humanité » alors qu'elle est « notre plus grande menace existentielle ». Avec Bill Gates et Stephen Hawking, le scientifique américain est l'une des grandes voix qui manifestent leur inquiétude face aux perspectives de l'intelligence artificielle (IA). Le milliardaire

1. Caroline Daniel, « Breakfast with the FT : Ray Kurzweil », *Financial Time*, 10 avril 2015, http://www.ft.com/cms/s/0/9ed80e14-dd11-11e4-a772-00144feab7de.html

a même fondé un centre de recherche en décembre 2015 pour injecter de l'éthique dans l'IA.

Précisons que d'éminents scientifiques – y compris ceux qui partagent le réductionnisme neurologique de Kurzweil – ont contesté ses prédictions qu'ils jugent eux-mêmes simplificatrices. C'est le cas du biologiste Paul Zachary « PZ » Myers qui l'accuse de survendre la perspective transhumaniste pour attirer les investisseurs ou anticiper sa gloire personnelle. Myers explique que Kurzweil a tort d'extrapoler les capacités de la plasticité du cerveau à partir du génome. Notre cerveau serait un accumulateur de données bien plus sophistiqué que ce que notre ADN nous révèle. Kurzweil se défend : pour lui, le génome définit l'homme. Le reste ne serait qu'apprentissage. Il suffit donc de reproduire artificiellement le génome : cette intelligence artificielle effectuera elle-même ses acquisitions de savoir-faire.

Le Comité consultatif national d'éthique français a mis en garde contre ce « mythe du gène support du programme de la vie », aboutissant à laisser croire qu'« il suffirait de connaître l'alphabet et la syntaxe génétique [du "grand livre de la vie"] pour parvenir à l'essence de l'être ». Une conception que le CCNE juge à la fois « scientifiquement inacceptable et éthiquement dangereuse[1] ». L'annonce, en janvier 2016, de la première victoire d'un ordinateur sur un champion professionnel de jeu de go, réputé jusqu'ici si intuitif qu'il paraissait

1. Comité consultatif national d'éthique (CCNE), « Génétique et médecine : de la prédiction à la prévention », avis n° 46, 30 octobre 1995.

difficile pour une machine de vaincre l'homme, a fait franchir une étape symbolique dans les perspectives de l'intelligence artificielle. Certains scientistes ne voient pas la raison pour laquelle, puisque l'homme est une machine, une machine au moins aussi sophistiquée que l'homme, mais nettement plus solide, n'aurait pas, à son tour, sa conscience propre. Ils l'envisagent dotée de sentiments, capable d'amour, dépositaire de droits.

C'est une constante chez les scientistes que de simplifier la réalité pour vendre l'immortalité, qu'ils promettent tour à tour la pierre philosophale, l'élixir de jouvence ou le cerveau artificiel. Quitte à affubler un mot d'une connotation positive magique comme s'y attachaient les promoteurs du clonage, qui s'acharnaient, il y a quelques années, à lui attacher le substantif « thérapeutique » pour faire tomber les réticences et les interdits.

Comme tout absolutisme, l'idolâtrie de la science conduit à son dévoiement. Jusqu'à maintenant, l'homme est bien en peine de « tout » expliquer. Tant en ce qui concerne l'origine première de l'univers que de lui-même. Chaque fois qu'il semble ne manquer qu'une petite pièce au puzzle, c'est une immense fenêtre qui s'ouvre. Qu'on songe à la théorie de la relativité. Là où il y avait un dernier petit trou à combler, Einstein a ouvert des perspectives abyssales... Dans leur présomption, les savants qui croient toucher au but ultime négligent ce que d'autres, plus humbles, nomment la « barrière de complexité ». Celle-ci se dresse en général au moment où le mystère – celui de l'univers ou celui de l'homme – semble en passe d'être élucidé. Tout est toujours plus complexe, tant dans l'infiniment petit que dans l'infiniment grand. Les lois simples sont débordées par des lois plus complexes. La magnifique quête scientifique n'en est que plus passionnante, car elle reste inachevée. À nos yeux, l'homme restera un mystère pour l'homme. Rassurant pour tous.

Fracture anthropologique en cours

Pendant qu'on nous promet – ou qu'on nous revend – le rêve d'immortalité, à l'image de la secte Raël et des entreprises de cryogénisation, facture à l'appui, c'est une fracture technologique qui se dessine. D'un côté ceux qui voudront bien ou pourront embarquer vers l'infini, de l'autre ceux qui resteront à quai, libres ou contraints. Une telle discrimination n'existe-t-elle pas déjà, sur le plan médical, entre, *grosso modo*, l'hémisphère Nord et l'hémisphère Sud ? N'existe-t-elle pas également dans les processus d'eugénisme démocratique à l'œuvre dans nos pays ? À l'image des oiseaux en cage expirant au fond des mines, à l'approche d'un coup de grisou, pour inciter les mineurs à s'échapper, l'élimination systématique, par le système technologique, des personnes touchées par le handicap devrait nous alerter. Là aussi, le troublant mobile messianique est sous-jacent.

Le professeur René Frydman – coauteur du premier bébé-éprouvette français – ne s'en cache pas dans sa poétique *Lettre à une mère* quand il revendique sa pratique du tri d'embryons. Son aveu mérite d'être lu avec attention :

«Je ressens la même excitation qu'hier, le besoin toujours de tenir tête au destin. Observer un embryon d'un dixième de millimètre, prélever une cellule, y repérer une drôle de couleur, l'annonce d'un enfant figé, déformé souffrant, ce n'est rien d'autre que lire l'avenir, et regarder en face le handicap de celui qui n'est pas encore né. Faudrait-il laisser courir la maladie incurable qui le fauchera, cette fatalité que je me suis promis de toujours combattre ? Pouvoir effacer cette image, c'est comme dire lève-toi et marche, c'est aller, c'est vrai, au-delà du champ de la médecine, c'est changer pour lui, ses amours, son métier, ses voyages. C'est croire en l'homme et en sa force. Mais je me laisse aller à vous parler de moi, de mon orgueil, de ce qui me préoccupe et ne vous concerne pas[1].» Trop tard. Tout est dit. Tout y est.

Le double aveu de surpuissance de celui qui prétend d'abord voir le futur pour ensuite s'autoriser à l'effacer ; la mainmise, grâce à la technique, de l'homme de science sur l'embryon sans défense ; l'abandon d'une médecine qui soigne pour une technique qui trie ; l'élimination du faible par le fort ; et jusqu'à la vaniteuse excitation prométhéenne qui le conduit à inverser le sens d'une parole d'Évangile. Comme si l'interdit de naître imposé à un embryon pouvait valoir guérison d'un paralytique par le Christ ! On se croirait encore chez Orwell et son novlangue : «La mort, c'est la *vie*.» Le tour de passe-passe sémantique fait passer le prestidigitateur

1. René Frydman, avec Judith Perrignon, *Lettre à une mère*, L'Iconoclaste, 2005, p. 54-55.

pour un magicien. Nous retrouvons la posture revendiquée un quart de siècle plus tôt par le grand franc-maçon Pierre Simon, déjà évoqué ici. Son ouvrage autobiographique, *De la vie avant toute chose*, exprime sa conception de la vie : « Cette vie qui nous vint si longtemps d'un souffle de Dieu posé sur notre argile, c'est comme un matériau qu'il faut la considérer désormais. Loin de l'idolâtrer, il faut la gérer comme un patrimoine que nous avons longuement, patiemment rassemblé, un héritage venu du fond des millénaires, dont nous avons, un instant, la garde[1] ». Pierre Simon se pose à son tour en digne héritier des ligues eugénistes en vogue dans les grands pays démocratiques de la fin du XIXe siècle quand il poursuit : « Cette charge de vie a son corollaire ; veiller à ce que le matériau ne se dégrade pas. Ce serait nous dégrader nous-mêmes et ruiner l'espèce[2]. » C'est là que le docteur Simon assigne à la médecine sa nouvelle mission de vaincre toute souffrance. La vie à construire dont il parle n'est donc pas n'importe laquelle ; elle ne souffre pas l'imperfection : « Mettre au monde des enfants non handicapés, c'est cela donner la vie[3]. » Le mythe du bébé zéro défaut commence ici. L'élimination des vies non conformes préfigure la fracture anthropologique promise par la transhumanie.

La philosophie eugéniste à connotation collectiviste est pourtant contraire à la Convention d'Oviedo de 1997. Cet accord international contraignant qui énonce des

1. Pierre Simon, *De la vie avant toute chose*, *op. cit.*
2. *Ibid.*
3. *Ibid.*

principes fondamentaux a été signé par la plupart des États européens et rappelle que « l'intérêt et le bien de l'être humain doivent prévaloir sur le seul intérêt de la société et de la science[1] ». La France récuse toujours l'eugénisme dans lequel elle est pourtant engluée : « Nul ne peut porter atteinte à l'intégrité de l'espèce humaine. Toute pratique eugénique tendant à l'organisation de la sélection des personnes est interdite », stipule le code civil en son article 16-4.

Laisser naître un enfant handicapé n'est pas juridiquement interdit. Si la plupart des parents se l'interdisent, c'est que, fragilisés par la criante injonction culturelle, ils ne voient pas d'autre issue à leur douloureuse épreuve.

Élitisme de l'homme singeant Dieu

En 1989, pour le deuxième centenaire de la Déclaration des droits de l'homme, Pierre Simon s'est exprimé à la Sorbonne sur le thème « La maîtrise de la vie : un nouveau droit de l'homme ». L'homme divinisé ? La conclusion du médecin est explicite sur ce point : « Prométhée est ainsi revenu, mais il ne s'est plus contenté de nous apporter le feu : c'est de tous ses pouvoirs qu'il a dépossédé Zeus, et fait cadeau aux hommes. » Cadeau empoisonné ? Un seul exemple : face à l'annonce anténa-

1. « Convention pour la protection des droits de l'homme et de la dignité de l'être humain à l'égard des applications de la biologie et de la médecine », ratifiée par la France en 2011, https://rm.coe.int/CoERMPublicCommonSearchServices/DisplayDCTMContent?documentId=090000168007cf99

tale d'un handicap, la technique et le droit imposent désormais aux parents un choix impossible. Inhumain ou divin, c'est le choix entre la vie blessée ou la mort de leur enfant. Pouvoir exorbitant qui les écartèle, d'autant qu'ils sentent que la société leur demandera silencieusement des comptes. Elle s'exprime parfois sans fausse pudeur comme quand un grand-père énonce à son petit-fils qui vient de découvrir que son bébé, non encore né, porte un handicap : « Au XXIe siècle, une femme n'a plus le droit de faire naître un enfant qui n'est pas en bonne santé. » La phrase illustre la chape d'ordre moral qui impose à une femme de « réussir son bébé », selon le slogan contestable d'une marque de puériculture.

La technique est-elle neutre quand elle s'impose jusqu'à changer notre rapport intime à la vie[1] ? S'y soumettre, c'est confondre le faisable avec le bien. L'emprise croissante de nos créations sur notre destin peut-elle générer une rébellion ? Le rejet violent de la machine, c'est le scénario apocalyptique dépeint par Barjavel dans *Ravage*[2] : la société manque d'être anéantie par les dommages d'une technique omniprésente qu'elle pensait maîtriser. Elle régresse brutalement dans la sauvagerie avant de décréter l'interdiction de toute machine, synonyme de mort. Le livre est publié en 1943... Pendant la Shoah et peu avant Hiroshima.

Il faut insister sur un élément clé de la profession de foi de nos scientistes : l'exclusion de toute idée de

1. *Cf.* Jacques Ellul, *Le Bluff technologique*, Hachette, 1988.
2. René Barjavel, *Ravage*, Denoël, 1943.

transcendance, de toute hypothèse même de l'existence d'un dieu. Par quel processus sont-ils devenus adeptes de la secte de la «raison close»? Dieu viendrait ruiner les projets de toute-puissance s'il se mêlait de l'humanité. «Les nouvelles techniques d'assistance à la procréation ne plaident pas vraiment pour "l'origine divine de l'homme"[1] », croit pouvoir discerner Régis Debray. Fermer la porte à l'idée de Dieu permet surtout de s'affranchir de tout scrupule : «Nous ne pouvons plus fonder notre éthique sur l'idée que les êtres humains sont des créatures spécifiques, faites à l'image de Dieu», argumente Peter Singer.

Henri Atlan confirme cette posture : «La plupart des biologistes aujourd'hui considèrent, y compris par l'intermédiaire des nouvelles théories de l'émergence, que l'esprit émerge de la matière en ce sens que la matière ou le cerveau produit l'esprit. C'est une position du matérialisme classique[2].» Tout se passe comme si ceux qui s'approchaient du mystère de l'homme, en tripatouillant ses embryons, décryptant son génome et scannant son cerveau, avaient fermé leur raison dans l'espoir fou de découvrir la clé universelle. Pour entretenir la certitude sur son inexistence, il faut tuer Dieu. Il faut pour cela concevoir une machine qui s'animerait. Le matérialisme aura sa preuve. C'est le mythe de Pinocchio.

1. Régis Debray, *Jeunesse du sacré*, Gallimard, 2012, p. 115.
2. Jérôme Skalski, «Henri Atlan : "L'esprit et le corps sont unis quelle que soit la façon d'en parler."», *L'Humanité*, 20 février 2015, http://www.humanite.fr/henri-atlan-lesprit-et-le-corps-sont-unis-quelle-que-soit-la-facon-den-parler-henri-atlan-566274

Les totalitarismes du XXe siècle n'ont que trop montré, comme l'a signalé Jean-Paul II, né sous le joug communiste, que « l'éclipse du sens de Dieu » et « l'éclipse du sens de l'homme » sont corrélées : « En perdant le sens de Dieu, on tend à perdre aussi le sens de l'homme, de sa dignité et de sa vie[1]. » Chercher l'homme et chercher Dieu relèvent de la même logique. Celle qui consent au mystère de l'indépassable. Sans lui, l'homme perd toute liberté.

Le philosophe Bertrand Vergely explique ce glissement dans *La Tentation de l'homme-Dieu* : « L'homme mesurant tout sans que rien ne le mesure, il est sans mesure. Il est comme les dieux. Il a pris leur place. [Or] celui qui devient le maître extérieur de lui-même devient l'esclave de lui-même. Plus le posthumanisme et le transhumanisme déclarent se délivrer de l'homme, plus ils mettent en place un esclavage de celui-ci à l'égard de lui-même[2]. »

Le déni du spirituel qui fait voir l'homme comme une machine autorise de le traiter comme un objet en le livrant au pouvoir des « big data ».

« Le XXIe siècle sera spirituel ou ne sera pas », aurait affirmé André Malraux. L'alternative est peut-être plus abyssale qu'on ne le croit.

Gare à la déshumanisation de masse !

1. Jean-Paul II, encyclique « *Evangelium Vitæ* », Libreria Editrice Vaticana, 25 mars 1995, article 21.

2. Bertrand Vergely, *La Tentation de l'homme-Dieu*, Le Passeur, 2015, p. 33.

Vers un sursaut de la conscience ?

Dans son discours magistral de 1997, Václav Havel, en recevant à l'Élysée le prix Cino Del Duca[1], exprimait son inquiétude sur « la survie même de la race humaine » : « Quel que soit le problème de civilisation auquel je réfléchis, je finis toujours par buter sur cette question de notre niveau de responsabilité qui se révèle incapable d'emboîter le pas au développement de la civilisation et de l'empêcher de se retourner contre l'humanité. » Václav Havel enchaînait alors sur deux observations que n'ont fait que confirmer les deux dernières décennies : « On dirait que le monde finit par nous dépasser. Il est impossible de revenir en arrière. » Une fois le constat posé, le président tchèque proposait à l'humanité de s'en sortir par le haut, avec trois propositions. D'abord : « Il faut que notre conscience rattrape notre intelligence, sinon nous sommes perdus. » Ensuite : « Il faut trouver une nouvelle relation, un respect nouveau envers ce qui nous dépasse infiniment : l'univers, la Terre, la nature, la vie. » Et enfin : « Pour moi, la chance d'un avenir meilleur pour l'humanité repose dans une sorte de spiritualisation de notre civilisation[2]. »

---

1. Le prix international français Cino Del Duca a pour objectif de récompenser chaque année un homme de lettres ou un savant dont l'œuvre littéraire ou scientifique constitue un message d'humanisme moderne.

2. Václav Havel, « Vers une civilisation globale », *Revue des Deux Mondes*, 1997, http://rddm.revuedesdeuxmondes.fr/archive/article.php?code=8739

Sursaut de la conscience, élargissement de la bienveillance à l'ensemble de la création, essor spirituel : tel est le triptyque dont le monde a besoin. Sa mise en œuvre nécessite des leaders humbles.

Le progrès actuel est un bolide magnifique, mais son accélération est trop phénoménale pour qu'on se risque à le livrer aux mains de pilotes méprisant les limitations qu'imposent la condition de l'homme et son environnement. Seule une conduite prudente – et non pas adolescente – permettra à l'humanité de poursuivre sa route.

Plus nous devenons puissants, plus notre survie tient à notre humilité.

8

Pour une écologie de l'homme

Comment l'homme pourrait-il échapper aux fantasmes prométhéens qui menacent désormais son intégrité ? En se retrouvant, tel qu'il est. Sans rêver de se transformer en mutant. Sans exclure personne de l'humanité. C'est ce que propose la révolution de l'écologie humaine.

Pour toucher ce but, elle dispose d'une boussole[1] implacable : l'humanisme intégral. C'est-à-dire « tout l'homme et tous les hommes », et « toute la vie et la vie de tous ». Simple et magistral programme qui nécessite de courageuses révisions. Et d'abord, pour les sortir de l'ombre, d'éclairer les processus d'exclusion des boucs émissaires qui continuent ici et maintenant de fracturer l'humanité. Comme René Girard le préconisait : « Le principe d'illusion qu'est le mécanisme victimaire ne peut pas apparaître au grand jour sans perdre sa puissance structurante. Il exige l'ignorance des persécuteurs "qui ne savent pas ce qu'ils font"[2]. »

---

1. *Cf.* Tugdual Derville, « Choisir l'homme ! », université de la Vie, 1er février 2016, https://www.youtube.com/watch?v=wm_6z2pMPPc
2. René Girard, *Je vois Satan tomber comme l'éclair*, Grasset, 1999.

Notre société s'habitue à juger sévèrement les crimes d'un passé révolu, du haut de ses propres critères. Mais c'est au présent de l'humanité que l'examen de conscience s'impose : « Ce ne sont pas nos prédécesseurs que nous mettons sans cesse en accusation qui sont coupables, souligne Girard, c'est nous qui sommes inexcusables[1]. »

Identifions donc le bouc émissaire que l'humanité sacrifie ou est en passe de sacrifier sur l'autel du progrès : ce bouc émissaire de notre temps, n'est-ce pas l'homme lui-même ? Tout l'homme !

Sept bras de fer anthropologiques

Il s'agit donc de faire gagner l'humanité dans une phase cruciale de son histoire où elle affronte un nouveau danger en se dressant contre elle-même. Sept bras de fer anthropologiques cruciaux sont d'ores et déjà engagés, où l'homme fait figure de victime expiatoire de son propre orgueil, rétif à toute limite.

1. La gestation corporelle doit être préservée contre la maternité éclatée dont l'utérus artificiel est l'aboutissement mécanique.

2. La famille durable doit être protégée contre l'atomisation hyperindividualiste qui conduit à faire flotter un homme hors sol dans une société liquide.

3. L'altérité sexuelle dans l'engendrement, repère anthropologique universel, doit bénéficier à tout être

1. *Ibid.*

humain contre l'indifférenciation et la neutralisation du genre.

4. La vulnérabilité des êtres humains, tous interdépendants, avec leurs limites (un corps, sexué, le temps, compté, et la mort, inéluctable), doit être reconnue contre le fantasme de la toute-puissance et d'une autonomie absolutisée.

5. La chair – la biologie – humaine doit être privilégiée dans son intégrité contre l'emprise des machines, qui doivent servir l'homme et non pas l'aliéner.

6. La soif de transcendance propre à l'homme doit être reconnue et respectée contre le matérialisme relativiste qui tend à la fois à l'animaliser et à le diviniser, en niant son plus précieux attribut : sa quête d'un mystère plus grand que lui.

7. La conscience personnelle incarnée doit être sanctuarisée contre le réductionnisme neurologique qui ne voit dans l'homme que son cerveau et dans le cerveau que des réactions biochimiques programmées, et ne peut donc concevoir une véritable liberté personnelle.

Ces sept bras de fer sont autant d'alternatives qui situent l'humanité à la croisée des chemins d'une façon inédite. Objectifs : ne pas sombrer dans l'autoaliénation et conserver son libre arbitre.

C'est le temps de l'homme parce que c'est le grand moment pour l'homme de faire le pari de sa liberté contre la menace d'une tyrannie technologique « déshumanisante ». Répétons qu'il ne s'agit pas ici de nier le progrès, mais d'en préciser le sens en le soumettant à plus grand que lui : la conscience. Jamais le proverbe rabelaisien n'aura autant été d'actualité : avec la puissance qu'elle a acquise, la science sans conscience est notre ruine assurée. En prétendant disséquer, décrypter, dupliquer puis fabriquer l'homme, les plus grands scientistes nous imposent une nouvelle perspective totalitaire. Dans leur prétention à décerner des brevets d'humanité, ils abandonneraient les faibles en rase campagne pour embarquer les forts dans la perspective d'une fusion homme-machine où toute liberté serait dissoute dans le sacro-saint progrès. Régression ultime. Déroute écologique pour l'humanité.

Écartèlement de l'homme

Se reconnaissant à la fois bienheureuse bénéficiaire et victime malheureuse de la technologie, la famille humaine est aujourd'hui écartelée. Elle sent bien qu'elle manque des repères ou des vertus qui lui permettraient d'orienter vraiment ses fulgurants « progrès » techniques dans le sens du bien, du beau et du vrai. Déjà, ces indéniables progrès qui nous sauvent ne sont pas loin de nous faire perdre pied. Données, écrans, connexions... Chacun se débat quotidiennement dans ses contradictions personnelles. Qui peut contester que l'abus du numérique conduit à s'y perdre ? Travail émietté, sollicitations permanentes, frénésie consumériste, dissolution des liens de proximité, impression d'étouffement sous l'avalanche d'informations hypnotiques, sentiment d'impuissance devant l'accélération, perte de la maîtrise du temps...

La société écranique nous ramollit. Que deviennent notre sens de l'orientation, notre présence aux autres, notre concentration, notre profondeur, notre silence intérieur ? Le sens du réel s'altère dans la permanence de la connexion. Le for intérieur, sanctuaire inviolable de la conscience, est verrouillé par le bruit. Et les fantasmes transhumanistes font carrément craindre la noyade.

Après plusieurs millénaires de symbiose avec la nature, dont l'homme a patiemment dompté la force vitale pour se nourrir, s'habiller, se chauffer, se soigner, le voilà cette fois bien en peine de maîtriser la puissance exponentielle de ses propres créations. Les alertes se multiplient. Catastrophes écologiques imprévisibles, ghettos urbains ingérables, financiarisation incontrôlée de l'économie... Voilà l'homme traité comme une variable d'ajustement, un dégât collatéral, voire un déchet.

Le pape François a décrit l'appauvrissement relationnel induit par la société du tout-numérique : « La vraie sagesse, fruit de la réflexion, du dialogue et de la rencontre généreuse entre les personnes, ne s'obtient pas par une pure accumulation de données qui finissent par saturer et obnubiler, comme une espèce de pollution mentale. En même temps, les relations réelles avec les autres tendent à être substituées, avec tous les défis que cela implique, par un type de communication transitant par Internet. Cela permet de sélectionner ou d'éliminer les relations selon notre libre arbitre, et il naît ainsi un nouveau type d'émotions artificielles, qui ont plus à voir avec des dispositifs et des écrans qu'avec les personnes et la nature[1]. »

Ce qui manque cruellement à la plupart d'entre nous, c'est l'acquisition d'une véritable sagesse dans l'utilisation de nos machines. Elle demande du temps de recul, une maîtrise de soi qui s'acquiert par une ascèse libératrice. Nous avons laissé la machine fracturer nos existences, envahir nos intérieurs et nos fors intérieurs, nous détourner de la vie, des relations et des sensations authentiques. Entre l'homme et ses machines, c'est à se demander qui télécommande.

Mais peut-on s'étonner que nous manquions de maturité quand le renouvellement est si frénétique? Tout « nouveau possible » se fait passer pour un « mieux ». Continuellement gavés des nouveautés que le « progrès » continu nous impose, nous n'avons pas le temps d'y réfléchir. Auteur d'*Un monde meilleur? Survivre dans la société numérique*, Thierry Venin estime que, dans leur relation aux TIC (technologies de l'information et de la communication), « le travailleur tertiaire et son organisation n'ont pas quitté la période infantile[2] ». Peut-on forcer le mûrissement de notre sagesse quand une innovation surgit avant que nous ayons eu le temps de nous accoutumer à celle qu'elle vient de remplacer? Le sauve-qui-peut individuel ne suffira pas. Pour l'humanité, apprivoiser

1. Pape François, encyclique « *Laudato si'* ». *Sur la sauvegarde de la maison commune*, Libreria Editrice Vaticana, 2015.

2. Thierry Venin, *Un monde meilleur? Survivre dans la société numérique*, Desclée de Brouwer, 2015.

ensemble le progrès est devenu une urgence vitale si nous ne voulons pas qu'il nous dévore. Ou nous dissolve.

L'urgence de l'enracinement spirituel

Mais pour cela, il nous faut élucider une question : qui est l'homme ? Plutôt que de le laisser flotter – pour ne pas dire errer – entre terre et ciel, l'écologie humaine propose de reconnaître qu'il est à la fois enraciné dans la nature, à commencer par la sienne, et tourné vers le mystère insondable des origines et du but. La philosophe Simone Weil synthétise cette conception d'un homme enraciné de façon multiple, aux antipodes de l'archétype de l'individu autonome et déraciné auquel croient devoir aboutir les déconstructeurs : « Un être humain a une racine par sa participation réelle, active et naturelle à l'existence d'une collectivité qui conserve vivants certains trésors du passé et certains pressentiments d'avenir. Participation naturelle, c'est-à-dire amenée automatiquement par le lieu, la naissance, la profession, l'entourage. Chaque être humain a besoin d'avoir de multiples racines. Il a besoin de recevoir la presque totalité de sa vie morale, intellectuelle, spirituelle, par l'intermédiaire des milieux dont il fait naturellement partie[1]. »

Garder les pieds sur terre sans perdre de vue que nous ne cessons de chercher du sens ailleurs, c'est souffrir

1. Simone Weil, *L'Enracinement, prélude à une déclaration des devoirs envers l'être humain*, Gallimard, 1949.

l'humble grandeur de l'homme. Tout un pan de la société – spécialement l'intelligentsia française – a cru que la quête spirituelle était définitivement disqualifiée. Son agressivité se concentre sur le christianisme ou la « culture judéo-chrétienne », sources de tous les maux, synonymes d'un obscurantisme liberticide et castrateur. Mais voilà que le laïcisme se casse les dents sur l'islam, incernable, qui subit par contrecoup un excès de fascination, de peur et de mépris. C'est notre vide anthropologique qui nous saute aux yeux. Privé de sa dimension spirituelle, l'homme est sévèrement amputé.

Salutaire, l'écologie humaine s'ouvre à ce qui spécifie l'homme. Elle prend en compte l'homme spirituel. Ce dernier a même le droit de se dire publiquement croyant ou religieux, sans se sentir disqualifié. « Une des grandes leçons du siècle qui vient de s'achever, souligne Amin Maalouf, c'est que les idéologies passent et que les religions demeurent[1]. » Plutôt que de s'en désoler, il faudrait peut-être reconnaître que, si la dimension spirituelle de l'homme, avec son éventuelle traduction religieuse, est indéracinable, c'est qu'elle répond à un besoin vital, réside au plus intime et constitue l'élément le plus précieux d'une identité.

Consentir à la condition humaine

Le temps de l'homme est celui de l'anthropologie du don. L'homme qui naît se reçoit d'une mère. Il en reçoit

1. Amin Maalouf, *Le Dérèglement du monde,* Grasset, 2009.

un corps, de la chair et du sang, une langue et une culture. Parfois une religion. Il reçoit aussi d'elle une famille, une terre, une nation, une patrie. Être apatride, c'est comme être orphelin. L'homme, même nomade, est fait pour être enraciné. Et s'il est trop tôt déraciné, incapable de se faire tout seul, il faut aussi vite que possible lui retrouver un tendre terreau fertile pour assurer sa croissance et favoriser son épanouissement.

Être de relation, l'homme est relié. À sa généalogie, à son histoire et à celle des siens. À un territoire, à un pays. À sa famille et à ses amis. Ce n'est qu'ainsi qu'il se sentira vraiment membre de toute la famille humaine. L'identité personnelle ouvre à la fraternité universelle.

L'anthropologie du don nous incite à récuser, en actes, la maxime fataliste : « L'homme est un loup pour l'homme », pour vérifier la pertinence de son alternative : « L'homme est fait pour se donner. » Un tel parti pris se met en œuvre à partir de l'héritage gratuit de la vie et de la culture.

Du passé, des siens, du reste de l'humanité, l'homme se sait dépendant. Il l'est même de plus en plus à mesure de la complexification croissante de la vie sociale. Même un simple verre d'eau potable suppose aujourd'hui, la plupart du temps, le recours à la technologie...

L'homme reste fragile. L'incitation à la prudence vaut autant pour les adolescents portés à se mettre en danger que pour une société en quête de repères, prête à tout essayer. À la vitesse où elle va, l'humanité tout entière peut se brûler les ailes, mais elle pourrait tout autant s'évanouir...

Enfin, l'homme est confronté à la perspective de la mort. Il a d'ailleurs tout intérêt à se reconnaître humble mortel. C'était l'avis de Steve Jobs qui témoignait : « Le fait de savoir que je vais mourir un jour est la chose la plus importante, et cela m'aide à prendre de grandes décisions. » Le fondateur d'Apple considérait même que l'illusion de l'immortalité conduirait l'humanité à l'immobilisme, en lui faisant perdre toute créativité... Les civilisations sont mortelles. Et, désormais, l'humanité elle-même se sait capable de provoquer sa propre perte.

Désenchaîner le politique

C'est le moment pour l'homme d'inventer une gouvernance à la hauteur des enjeux. Quand remettrons-nous nos « techniciens mondialisés » et autres apprentis sorciers sous contrôle d'une saine gouvernance à leur juste place, celle de bienfaiteurs limités ? Quand les empêcherons-nous de jouer avec l'essence et l'avenir de l'humanité ? Ce serait le rôle du politique.

Pour l'instant, le politique est ailleurs, dépassé, dramatiquement impuissant. Sans vision. Prisonnier du court terme, ligoté par la loi du marché, soumis aux pensées dominantes, il subit un double débordement. Il est d'abord déconsidéré. La société hyperindividualiste ne voit plus le politique que comme un prétexte à l'indignation ou à la dérision. Le spectacle politique est un cirque qui provoque tour à tour fureur et hilarité. Le politique paraît ensuite débordé par la révolution technologique à laquelle il semble ne rien comprendre... Les législateurs sont réduits à l'impuissance, pris en tenaille entre des lois qui, ayant pris parti contre l'embryon humain, leur interdisent de penser le début de la vie humaine, et l'explosion des biotechnologies qui touchent aux racines de la vie. L'incohérence est leur prison.

Ayant tendance à abandonner l'homme, tantôt au marché – dans les pays anglo-saxons – tantôt aux idéologies de la déconstruction – en France –, le politique ne semble pas disposer des outils intellectuels, moraux et juridiques pour endiguer le tsunami transhumaniste.

Devenant à leur tour de plus en plus hyperindividualistes, les droits de l'homme sont en train de larguer les amarres qui les reliaient au bien commun. Sans anthropologie, ils errent, à la remorque des désirs individuels. L'hyperlibéralisme joue avec l'individu autonome : partout sur la planète, les envies les plus folles trouvent les apprentis sorciers prêts à les assouvir pour s'enrichir. Et l'argent-roi fait fi de l'éthique. À la demande, on sort du cadre naturel fixé par le temps : congélation d'ovocytes des salariées des multinationales technologiques, FIV multiples pour femmes ménopausées, naissance de «jumeaux» à vingt ans de distance, gestation d'un petit-fils par sa grand-mère, création d'orphelins de père par insémination *post-mortem* et jusqu'aux cryogénisations express de cadavres en attente de résurrection terrestre...

Le politique peine à protéger l'homme du totalitarisme technologique : il n'élabore que des digues éphémères, des lois perdues au milieu du courant. Les lois bioéthiques s'enlisent, parce qu'elles sont bâties sur des sables mouvants. Seule la boussole de l'écologie humaine nous oriente vers un humanisme intégral, rempart protecteur de l'humanité ; pour proposer une alternative à la déconstruction, il faut fonder la maison commune sur le roc anthropologique. C'est cette cohérence que propose l'écologie humaine.

Une société d'écologie humaine est portée par trois piliers : le parti pris de la bienveillance, la recherche des communs et la culture de la vulnérabilité. Ces trois piliers sont eux-mêmes fondés sur le socle anthropologique à préserver.

La bienveillance – nous l'avons explicité – prend sa source dans l'écosystème originel de l'homme : gestation et famille. Le tout premier « commun », origine de chaque vie, est le « sexus » : la parité homme-femme dans l'engendrement, notre plus intrinsèque patrimoine. Chaque humain en est témoin et dépositaire. La vulnérabilité, enfin, est humaine, avant même l'erreur. Elle se manifeste dans les trois événements universels qui marquent le destin de chaque être humain : sa conception, sa naissance (sauf s'il meurt avant de naître) et sa mort. La fraternité universelle émerge de ces événements qui manifestent notre commune vulnérabilité.

La permanence de la bienveillance

D'abord exercer la bienveillance. C'est, littéralement « veiller au bien », c'est-à-dire agir pour le bien. En conciliant le bien de chacun et le bien de tous. Cela suppose que ce « bien » de l'homme peut être accessible à sa raison comme à sa conscience, qu'il a donc un caractère objectif, et qu'il est toujours possible de viser l'accroissement simultané du bien personnel et du bien de tous. Tous les hommes sont reliés par une humanité commune qui peut toujours transcender les inévitables clivages, divergences d'intérêts et conflits. Cette réalité conduit à chercher en priorité ce qui unit et rapproche. Plutôt que de se focaliser sur ce qui sépare et éloigne. L'esprit de bienveillance est aux antipodes de la compulsion à cliver qui a envahi l'espace politico-médiatique, pour des raisons idéologiques et commerciales.

Veiller au bien de tout homme conduit à évaluer toute décision à l'aune de ce critère. La valorisation d'un choix, d'une loi, d'un jugement devrait être fonction du bien qu'il fait à l'homme, pour l'homme. Sa vie, son identité, son intégrité, ses conditions de vie, son environnement sont-ils respectés, favorisés, protégés ? La bienveillance s'exerce « à hauteur d'homme ». Elle interdit de considérer l'homme comme un objet. Que cet homme soit un embryon, un nouveau-né, un enfant, un salarié, un chômeur, un SDF, un migrant, un retraité, une personne à l'article de la mort... Car tout se tient. Chacun a besoin d'être considéré dans toutes les dimensions de son humanité.

À l'heure où tant de personnes ne voient plus de bienveillance dans les structures où elles travaillent – que ce soit dans la façon dont elles sont traitées ou dans la façon dont ces structures traitent l'humanité –, la révolution de la bienveillance s'impose. Elle nécessite d'agir, domaine par domaine, avec la bienveillance en perspective : à repérer, encourager, diffuser.

Le mythe d'un homme autocentré, obéissant à ses seules impulsions égoïstes pour surconsommer, sans se soucier des autres, mérite d'être battu en brèche. « Tout homme est doté d'un cœur qui ne supporte pas la souffrance d'autrui », affirmait le penseur confucianiste Meng Ke (Mencius), trois cents ans avant Jésus-Christ, en constatant que tout passant se précipite spontanément pour sauver un bébé inconnu découvert au bord d'un puits[1].

Considérer la prédisposition de l'homme à vouloir le bien et à le faire permet de croire à une société fondée sur la confiance. La bienveillance, qui naît dans la famille, fait largement tourner la société. L'économiste Pierre-Yves Gomez a même montré à quel point le don et la gratuité constituent un profond mobile caché du travailleur salarié[2]. À l'inverse, il dénonce l'amoncellement des normes de la « morale publique » édictées par la société sécularisée pour « organiser le "vivre-ensemble" » : « Elles fabriquent des comportements collectifs, organisent les relations sociales, imposent un type de bienveillance politiquement correcte... donc une morale obligatoire, une forme d'Inquisition médiatique qui protège le dogme de la pensée acceptable[3]. »

1. *Cf.* Roger-Pol Droit, *Qu'est-ce qui nous unit ?*, Plon, 2015.

2. *Cf.* Pierre-Yves Gomez, *Le Travail invisible : enquête sur une disparition*, *op. cit.*

3. *Idem*, *La liberté nous écoute : pour une écologie humaine*, Quasar éditeur, 2013, p. 39.

Se sentir utile aux autres, partager, faire du bien, librement, c'est ce qui confère le sentiment de dignité.

La bienveillance exige bien sûr de porter une attention sérieuse à la situation de la planète : pollution de l'air et des sols, urbanisation démesurée, dégradation des écosystèmes, perte de la biodiversité, bouleversements climatiques... Sont affectés non seulement les générations présentes – et spécialement les millions d'hommes les plus pauvres –, mais aussi d'autres milliards, que nous espérons nombreux et heureux : les futurs habitants de la Terre. Nous voulons leur léguer, avec la vie, une planète belle et habitable. Ici encore, c'est notre puissance technologique qui nous oblige à exercer notre bienveillance vis-à-vis des hommes de demain, à partir du moment où leur destin est partiellement entre nos mains. Depuis que nos actes engagent l'avenir, le principe de solidarité s'est élargi au futur.

Faut-il préciser ici que c'est donc une bienveillance vis-à-vis de l'homme qui doit inspirer les actions et politiques environnementales ? C'est à cette condition qu'elles seront dignes de l'humanité. *A contrario*, les théories de la *Deep Ecology* tournent vite en malveillance vis-à-vis de l'homme. L'un de ses principaux théoriciens, le Canadien Stan Rowe, suggérait dans un article de « reconnaître la suprématie des valeurs de l'écosphère[1] » sur l'humanisme dont il conteste la « philosophie homocentrique »... Gare à

1. Stan Rowe, « Crimes Against the Ecosphere » (« Crimes contre l'écosphère »), in R. Bradley et S. Duguid eds, *Environmental Ethics*, vol. 2, Simon Frazer University, 1989, p. 89.

la menace d'un fascisme vert, élitiste et néomalthusien! Gare aussi au mythe d'une personnalité juridique de la planète! Meilleure façon de sacrifier les hommes à Gaïa, la déesse Terre. Protégée d'une telle régression, l'écologie humaine assume la responsabilité des hommes les uns devant les autres. De même que c'est en raison de la dignité humaine que nous savons devoir nous abstenir de toute cruauté vis-à-vis des animaux, c'est au nom de cette même dignité que nous devons nous préserver de provoquer sur la nature des blessures indélébiles. Il n'est pas demandé aux animaux d'être bienveillants. Ni aux machines. Mais à l'homme. À chacun son rôle.

L'avenir est aux communs

Deuxième pilier de l'écologie humaine, les communs sont de retour. On les croyait remisés dans les musées des arts et traditions populaires : pâturages communaux, forêts partagées, prud'homies de pêche. Ni bien privés ni bien publics, les biens «communs» étaient courants au Moyen Âge... Leurs utilisateurs s'organisaient ensemble en se donnant des règles leur permettant de concilier durablement leurs intérêts personnels et même ceux de leurs descendants. La gestion d'un commun peut impliquer une autolimitation concertée, un système de rotation dans l'utilisation de la ressource, des modes de conciliation en cas de conflit.

Les communs ont longtemps été méprisés par un système politico-économique individualo-collectiviste qui voit la société idéale comme une collection d'individus autonomes régulés du plus haut sommet de l'État. C'est qu'il ne faut pas confondre communs et collectifs. Les individus peuvent s'agréger en collectifs, comme des fagots, provisoirement arrimés les uns aux autres par une ficelle – peut-être une éphémère cause commune – sans qu'il naisse de cette association une vitalité « autoportante »...

Au contraire, les personnes qui sont reliées par leurs propres énergies vitales créent du « commun » et le font grandir. Esprit de famille, langage, histoire. Chaque entreprise, chaque institution, chaque nation développe son propre commun : sa culture, son histoire, son langage, ses compétences, son image... Aucun de leurs membres ne peut se les approprier. Chacun y contribue, l'enrichit ; chacun en bénéficie ; tous y trouvent leur compte. Il ne s'agit donc pas de la somme des biens individuels, mais de ce qui naît et grandit quand les hommes en partagent l'utilisation, la gestion et l'usage. La notion de commun suppose, au sein d'un groupe, du partage, de l'interdépendance consentie et l'émergence progressive d'un dessein : chacun se sent acteur pour tous. La gestion d'un commun suppose et alimente la confiance et le sentiment d'appartenance à une communauté. Le commun est porteur d'un coefficient multiplicateur de l'énergie sociale.

Certes, des économistes, à l'image de Garrett Hardin avec sa « tragédie des biens communs[1] », ont pu prétendre

1. Garrett Hardin, « The Tragedy of the Commons », *Science*, vol. 162, 13 décembre 1968, p. 1243-1248.

que tout commun était voué à dépérir, en raison des comportements intrinsèquement égoïstes de ses utilisateurs... Mais le foisonnement des initiatives novatrices mobilisant des acteurs sur des projets partagés réhabilite actuellement les communs. Certaines sont liées à la proximité géographique : cohabitats solidaires, béguinages pour personnes âgées, jardins partagés... Le commun trouve par ailleurs un nouveau souffle dans les systèmes collaboratifs utilisant Internet comme les encyclopédies participatives. On parle d'un nouveau paradigme coopératif fondé sur l'échange, les relations et les dons. Entre l'individu et les multinationales qui tentent d'accaparer, qui les OGM, qui l'ADN, les communs permettraient aussi de favoriser « une gouvernance du vivant, entre marché et équité, propriété exclusive et accès pour tous, innovation et justice Nord-Sud[1] ».

Retour à la terre et à la proximité. Le succès du long-métrage *Demain*[2] reflète l'attractivité des initiatives à hauteur d'homme, dès lors qu'elles mobilisent la population dans un projet commun qui restaure les liens de voisinage : transformation de friches industrielles et de jardins publics en potagers de proximité, instauration de monnaies locales... Ce reportage aux quatre coins du monde est coproduit par le mouvement des Colibris. La voix de son fondateur, Pierre Rabhi[3], agriculteur et écrivain, chantre de la frugalité heureuse, fait écho aux désirs

1. Florence Bellivier, Christine Noiville (dir.), *La Bioéquité. Partage ou marchandisation*, Autrement, 2009.
2. Cyril Dion et Mélanie Laurent, *Demain*, 2 décembre 2015.
3. Pierre Rabhi, *Vers la sobriété heureuse*, Actes Sud, 2010.

de beaucoup de se libérer de la dictature du consumérisme...

Les lieux de vie sont – par excellence – des communs dont l'appropriation relève de l'écologie humaine. La construction de la ville mérite d'entrer en synergie avec l'histoire vivante de ses occupants et leurs interrelations, en s'ajustant à l'apparent désordre créatif de la vie quotidienne : « La rationalité stérilise. Plus c'est fonctionnel, moins cela fonctionne[1] », ose même l'architecte belge Lucien Kroll. Ce précurseur a développé une méthode originale pour toujours associer à son travail les habitants concernés. Pour lui, « l'écologie n'est pas une nouvelle mécanique, mais une attitude empathique[2] ». Hostile dès les années 1960 à l'urbanisation de masse comme à l'industrialisation de l'habitat, Kroll assume résolument son parti pris participatif : « J'ai personnellement décidé de ne plus ressentir d'émotion devant aucune architecture, objet ou paysage qui ne procède pas de l'écologie, du communautaire, de la complexité populaire, de l'auto-organisation du groupe[3]... » Avec lui, la ville se fait humble.

1. Lucien Kroll, *verbatim* des panneaux de l'exposition « Tout est paysage. Une architecture habitée, Simone et Lucien Kroll », Cité de l'architecture et du patrimoine, Paris, 2015.

2. *Ibid.*

3. *Ibid.*

La vulnérabilité, valeur d'humanité

Le syndrome de toute-puissance qui conduit l'humanité à son autodestruction ne peut se soigner que par une culture de la vulnérabilité. Il s'agit du troisième pilier de l'écologie humaine.

Comment sauver l'homme sans lui rappeler à quel point l'expérience de la nudité, de la naissance à la mort, est au cœur de sa précieuse identité ? Assumer sa vulnérabilité, c'est d'abord, pour toute personne, une question de lucidité. C'est accueillir son histoire, sans renier son origine. Mais c'est aussi assumer sa fragilité présente et future, sans en avoir honte ni la mépriser. C'est enfin une incitation à un « travail sur soi », qui sera toujours inachevé. L'exercice est d'autant plus nécessaire que notre société élitiste, à tous les âges de la vie, pousse ses membres à faire semblant d'être forts. On tire souvent sur la corde jusqu'au *burn out*, douloureux et parfois salutaire. Il faut rester jeune et paraître en bonne santé.

En réalité, chacun porte en lui des limites corporelles, physiques, physiologiques, psychiques, morales, intellectuelles... auxquelles il doit bien consentir, s'il ne veut pas vivre dans l'illusion, et se mettre en danger. Inutile de dresser la liste de ces « accidents de la vie » qui sont la rançon d'un syndrome d'invulnérabilité, qu'on sait courant à l'adolescence, et que la technologie peut renforcer. L'image désastreuse de la vieillesse en Occident témoigne de son aversion pour la vulnérabilité.

La conscience de cette vulnérabilité appelle pourtant la communion des talents. Nos « dures limites » sont une heureuse invitation à la rencontre, à l'entraide et à la coopération entre les hommes. Et à la transmission. Que les talents soient partagés est une incitation continue au partage. C'est souvent à partir de la conscience d'un point de vulnérabilité personnelle que l'être humain s'ouvre aux autres et grandit en humanité. Chacun est tour à tour soignant et soigné, aidant et aidé, enseignant et enseigné.

La conscience de leur vulnérabilité personnelle devrait conduire les « bien-portants » à reconnaître que, s'ils sont aujourd'hui dignes, avec leurs limites, alors l'être humain le plus fragile est aussi dépositaire d'une dignité intrinsèque qu'aucun événement, aucun accident de santé ne peut aliéner. Vulnérable parmi les vulnérables, qui prétendrait nier la dignité d'autrui ? C'est souvent au travers d'une surprenante expérience fondatrice personnelle que se révèle la dignité des plus fragiles.

Il ne faut pas confondre la vraie liberté et l'autonomie absolue. N'avoir besoin de personne, n'est-ce pas la grande illusion prométhéenne sans cesse recommencée, à l'échelon individuel autant que collectif ? L'histoire fourmille des cycles de violence et de désenchantement que cette illusion induit. Personne n'est autosuffisant. L'autonomie totale est un leurre.

La vulnérabilité peut être considérée comme une précieuse valeur d'humanité.

Tout être humain construit sa vie dans un cadre largement dépendant d'autrui : en fonction de ce qu'il a reçu en naissant, de son corps, qui ne ment pas, du temps, toujours présent, et de la perspective de la mort, horizon commun. C'est la règle du jeu. Consentir à ces limites n'obère en rien notre créativité. Au contraire, la liberté gagne à s'accomplir dans des limites. Sans cadre, la vie ne serait qu'errance et déracinement. Notre liberté véritable, fruit d'un désir irrépressible de développement, est au prix du consentement à la vulnérabilité.

Seule la culture de la vulnérabilité est réaliste, paisible et non violente. Elle se construit dans la confiance, l'altruisme et la gratuité. Elle fonde les trois primautés qui protègent l'homme du matérialisme individualiste : celle de l'être sur l'avoir, celle de la relation sur l'activité et celle de la tendresse sur l'autonomie[1]. De telles primautés sont des clés du bonheur réaliste.

Faudrait-il attendre l'approche de la mort pour manifester leur évidence ? C'est paradoxalement dans sa plus grande faiblesse, quand il est dépouillé de ses forces, entièrement dépendant d'autrui, que l'être humain révèle souvent la vraie puissance de la dignité humaine.

Nous comprenons alors que le regard que notre société porte sur ses membres les plus vulnérables manifeste son degré d'humanité. Car la vulnérabilité nous appelle à nous relier, à ne jamais cesser d'apprendre, à demander de l'aide, à remercier, à désirer et à aimer.

Le signe le plus universel de la vulnérabilité de l'être humain, c'est sa soif inextinguible d'absolu. Elle se

1. *Cf.* Tugdual Derville, « Le réalisme de la vulnérabilité », 30 octobre 2014, http://www.ecologiehumaine.eu/realisme-vulnerabilite-tugdual-derville

manifeste par son désir de creuser le sens de sa propre existence et de se dépasser. La vulnérabilité ouvre à la transcendance.

Grâce au parti pris de la bienveillance, au souci de renouveler ses communs et au consentement à sa vulnérabilité, l'homme peut transformer le monde sans faire violence à sa propre nature.

De l'écologie à l'anthropologie

Peut-on promouvoir la biodiversité sans protéger l'espèce humaine ? En faisant l'impasse sur la nature de l'homme, une bonne part de l'écologie politique s'est coupée de sa source. L'écologie politique à la française s'est singulièrement éloignée de la cohérence, en soutenant les réformes portant atteinte à l'écosystème familial naturel et à l'embryon humain. Comme si l'écologie devait s'effacer devant les revendications sociétales... José Bové fait figure d'exception quand il conteste la GPA et l'instrumentalisation de l'embryon humain. Pierre Rabhi va plus loin. Il plaide pour une « pédagogie de l'être » ; son alerte vise la société du lucre qui a rompu ses attaches avec la terre, mais aussi les dérives anthropologiques : « Il ne suffit plus de se demander : "Quelle planète laisserons-nous à nos enfants ?" ; il faut également se poser la question : "Quels enfants laisserons-nous à notre planète ?" » Le grand témoin défend donc le respect de l'altérité sexuelle dans la famille : « Loin de toute hypocrisie ou complaisance, et avec tout le respect dû aux personnes, je considère comme dangereuse pour l'avenir de l'humanité la validation de la famille "homosexuelle", alors que par définition cette relation est inféconde[1]. » Interrogé sur cette prise de position, il fait appel au respect d'« une loi invariable, à laquelle même les homosexuels doivent leur propre existence » et considère qu'imposer à l'enfant « deux papas » ou « deux mamans » est « une atteinte à [sa liberté] ». Cette cohérence vaut à Pierre Rabhi quelques sobriquets, comme s'il avait « dérapé » : Daoud Boughezala publie un billet significatif où il relate un entretien : « Cerise sur le gâteau bio, Rabhi se fendait d'une critique de la loi Taubira que la morale LGBT m'interdit de répéter *in extenso*[2]. » Le tribunal de l'ordre moral libertaire est sourd aux arguments de fond. Pourtant, l'écologie ne peut se fonder sur un homme hors sol, prétendant d'un côté respecter la nature et, de l'autre, récuser la sienne. Le « retour à la terre », la salutaire prise de conscience du défi écologique ne peut faire l'économie d'une conception ajustée de l'homme.

« Il n'y a pas d'écologie sans anthropologie adéquate », a également souligné le pape François dans « *Laudato si'* »[3]. Son alerte écologique a presque partout été chaleureusement accueillie, notamment pour sa dénonciation de la culture consumériste, du gaspillage et d'un « paradigme

1. Olivier Le Naire, *Pierre Rabhi, semeur d'espoirs*, Actes Sud, 2013.
2. Daoud Boughezala, « Pierre Rabhi, la caricature d'un prophète », *Causeur*, n° 31, janvier 2016.
3. Pape François, encyclique « *Laudato si'* ». *Sur la sauvegarde de la maison commune*, *op. cit.*

technocratique» qui tend à étouffer l'humanité en imposant des styles de vie frénétiques, soumis au marché globalisé. Mais on a peut-être moins porté attention à l'exigence posée par sa cohérence anthropologique : «Quand on ne reconnaît pas, dans la réalité même, la valeur d'un pauvre, d'un embryon humain, d'une personne vivant une situation de handicap – pour prendre seulement ces quelques exemples –, on écoutera difficilement les cris de la nature elle-même. Tout est lié[1].» Pour expliciter les fondements d'«une écologie de l'homme», le pape François cite son prédécesseur : «L'homme possède une nature qu'il doit respecter et qu'il ne peut manipuler à volonté.» Benoît XVI avait déjà dénoncé, dans son encyclique «*Caritas in veritate*», la menace totalitaire de l'«absolutisme technologique» : «Le processus de mondialisation pourrait substituer la technologie aux idéologies[2].» D'où l'urgence de reconnaître qui est l'homme pour éviter que le fulgurant progrès ne fasse s'effondrer les droits de l'homme. «La question sociale est devenue radicalement une question anthropologique, explique aussi Benoît XVI, au sens où elle implique la manière même, non seulement de concevoir, mais aussi de manipuler la vie, remise toujours plus entre les mains de l'homme par les biotechnologies.» L'actualité de ce texte de 2009 ne fait que croître. Benoît XVI y résume l'alternative : «La question fondamentale est de savoir si

1. *Ibid.*
2. Benoît XVI, encyclique «*Caritas in veritate*», Libreria Editrice Vaticana, 2009.

l'homme s'est produit lui-même ou s'il dépend de Dieu. Les découvertes scientifiques [...] et les possibilités d'intervention de la technique semblent tellement avancées qu'elles imposent de choisir entre deux types de rationalité, celle de la raison ouverte à la transcendance et celle de la raison close dans l'immanence technologique. »

Dans son discours de l'Élysée de novembre 1997 déjà évoqué, Václav Havel, abordant le thème de la « civilisation globale », commence par constater que la globalisation, qui « a surgi à une vitesse prodigieuse », ne constitue « qu'une simple pellicule recouvrant en surface la conscience totale de l'humanité ». Or, poursuit-il, voilà que « d'anciennes traditions revivent, diverses religions et cultures s'éveillent à une vie nouvelle, cherchent un espace vital et luttent avec une énergie sans cesse accrue pour que soit reconnu ce qui leur est propre et qui les distingue, voire pour parvenir à l'expression politique de leur identité ». Václav Havel exprime alors sa quête d'un « code de coexistence » entre tous les hommes permettant de concilier l'émergence irrépressible d'« une civilisation multiculturelle et multipolaire » et le respect des « racines spirituelles véritables » de tous les hommes. Ce code doit à ses yeux se déduire d'« une ressemblance » entre les hommes. Et voici comment il le définit : « Le respect de ce qui nous transcende, qu'il s'agisse du mystère de la vie ou de l'ordre éthique qui nous surpasse ; certains impératifs qui nous viennent de quelque part là-haut, ou de la nature, ou de nos cœurs ; le sentiment que nos actes durent à tout jamais ; le respect du prochain, de la famille, de certaines autorités naturelles ;

le respect de la dignité humaine et le respect de la nature ; le sens de la solidarité et la bienveillance à l'égard de l'hôte qui vient à nous en paix ; tous ces éléments ne sont-ils pas présents dans les fondements de la plupart des religions et cultures, fût-ce sous mille et une formes concrètes ? »

Entre l'homme-Dieu, que sa toute-puissance ferme à la transcendance, et l'homme vulnérable qui lui reste ouvert, le bras de fer est eschatologique. Le temps de l'homme est un défi des temps derniers. Celui de l'écologie humaine.

9

Vivre dans la vérité

La révolution de l'écologie humaine n'est pas un cri protestataire. C'est un travail. Un travail d'enfantement. Il s'effectue aujourd'hui dans les entrailles de la société française. Humblement. Patiemment. Sûrement. Pour ne pas se perdre, l'énergie du mycélium, dont a jailli la force du mouvement social, doit se transformer en puissance durable. Celle de l'écologie humaine.

Travailler la vérité

L'état d'urgence anthropologique exige de vivre dans la vérité[1]. Il ne faut pas s'étonner qu'une société adepte du relativisme anthropologique erre dans sa recherche de solutions sociales et politiques ajustées à l'homme, à partir du moment où la boussole anthropologique est perdue. Fondée sur une anthropologie objective, la

1. *Cf.* Tugdual Derville, « Grand soir ou petit matin du grand réveil », *La Boussole*, n° 2, « L'éveil des consciences, pourquoi le monde doit changer », juin 2015.

révolution de l'écologie humaine poursuit une quête continue de vérité. Seule la culture de la vérité, qui respecte le réel, est source de prospérité et de paix sociale[1].

La soif de vérité de l'homme est inextinguible. Elle commence par la soif de savoir qui il est, qui s'étend dans le passé et dans le futur : d'où vient-il ? Et où va-t-il ? Il ne s'agit pas de prétendre épuiser de telles questions de fond. Mais si elle se ment, dès le départ, sur l'identité de l'homme, comment la société serait-elle capable de lui offrir des conditions de vie dignes de lui ? Et sans vérité partagée entre les hommes, comment pourrait-il exister de la confiance interpersonnelle, de l'amour mutuel et de la prospérité véritable ?

La confiance est un fruit de la vérité. Un chien abandonné restera fidèle. Cela sera nettement plus difficile à un humain[2]. « Construire la confiance, explique le scientifique Gilles Le Cardinal, c'est accepter de prendre un risque avec l'autre, en se couplant avec lui pour la réussite ou pour l'échec. C'est être affecté personnellement par ce qui arrive à l'autre en bien ou en mal. Nous avons confiance lorsque nous savons que l'autre sera solidaire de ce qui nous arrive[3]. » Pourquoi devrions-nous réserver cette attitude soit à la famille « à l'ancienne », soit aux défis sportifs collectifs ? La vie est le défi majeur qui

1. *Cf.* Tugdual Derville, « Bonimenteurs au sommet », 20 mai 2014, http://www.tugdualderville.fr/bonimenteurs-au-sommet/

2. *Cf.* Jean Bastaire, *Éloge de la fidélité, au temps de l'éphémère*, Salvator, 2010.

3. Gilles Le Cardinal, *Construire la confiance : de l'utopie à la réalité*, Presses universitaires de Sainte-Gemme, 2014, p. 28-29.

mérite et nécessite la confiance interpersonnelle. Le philosophe Raphaël Enthoven peut bien titrer sa tribune quotidienne sur Europe 1, le 6 décembre 2015, « C'est la peur et non l'amour qui fonde le "vivre-ensemble" », il s'agit d'un terrible aveu de désenchantement. Le parti pris fataliste de la défiance vient d'une anthropologie mortifère. Celle de l'homme-loup. Le pari de la confiance est préférable, à partir de la quête d'une vérité commune.

Nous avons tous besoin de vérité objective pour décider, choisir et juger ensemble. Sinon, quel serait le sens de la promesse du témoin judiciaire qui « jure de dire toute la vérité » ? Le slogan relativiste « chacun sa vérité » fait le nid de l'indifférence mais aussi de l'insécurité sociale et de l'injustice. C'est sur de telles bases que la société se délite.

Il est possible d'attester *a contrario* l'attrait « naturel » de tout homme pour ce qui est vrai : qui ne se sent pas blessé quand il prend conscience qu'on lui ment ou qu'on lui a menti délibérément, même sans intention malveillante ni préjudice ? Les hommes se sentent meurtris *a fortiori* quand ils sont victimes d'une contre-vérité. Qu'on songe aux Français découvrant, atterrés, à quel point Jérôme Cahuzac, dans son pitoyable déni, a pu les tromper « les yeux dans les yeux ».

L'écologie humaine réclame une civilisation de la vérité. Non seulement les sociétés totalitaires se fondent toujours sur le mensonge mais encore certaines cultures « démocratiques », en s'éloignant progressivement de la vérité, deviennent indignes de la démocratie. Toute manipulation contient un germe de totalitarisme. Qui peut respecter un homme politique qui affirme tout et son contraire, multiplie les contradictions pour flatter des niches électorales et retourne sa veste avec le vent ? La parole politique, comme toute parole, est déconsidérée quand elle est légère, éphémère ou mensongère. Le désaveu dont souffrent certains médias est lui aussi croissant. Désormais davantage perçus comme familiers du « système » que comme contre-pouvoirs, ils sont suspectés de travestir la vérité au profit d'idéologies.

« La vie dans la vérité » constituait légitimement aux yeux de Václav Havel l'objectif de toute politique digne de ce nom. Poursuivre la vérité est un travail de longue haleine à recommencer sans cesse. Ce travail n'intéresse ni ceux qui sont devenus leur propre but ni leurs affidés. La tâche est exigeante. La vérité ne se trouve ni dans des slogans réducteurs qui amusent ni dans les émotions superficielles qui contaminent. Avec sa dialectique manipulatrice, la culture du mensonge risque d'entraîner dans la surenchère des approximations et des manipulations dans lesquelles on finit par s'abuser soi-même. Mieux vaut reconnaître dans une opinion que l'on conteste formellement la part de vérité sur l'homme qu'elle contient : par exemple, sa soif de reconnaissance, de fécondité, d'absolu. Reconnaître son ambivalence personnelle est par ailleurs essentiel : « On n'a pas assez remarqué, souligne Maurice Zundel, cet anthropomorphisme de notre connaissance, notre tendance presque irréversible à donner à la vérité notre propre visage[1]. »

1. Maurice Zundel, *Notre-Dame de la Sagesse*, Éditions du Cerf, 1979.

Nous nous trompons si facilement nous-mêmes ! Les emballements d'émotion collective font mauvais ménage avec la vérité.

Certains cherchent un gourou auquel abandonner leur raison. On s'attache volontiers aux mystificateurs publics. Si certaines radios imposent chaque matin à leurs auditeurs un dérisoire horoscope, c'est que les prédictions fatalistes ont des millions d'adeptes. Chacun grandit d'un coup quand il se surprend lui-même en flagrant délit de mensonge, surtout s'il va jusqu'à sa racine : peur de perdre, refus d'être rejeté, déni de sa fragilité...

Chérir la vérité est une ascèse : derrière l'apparence, il faut chercher la réalité.

Dans sa quête de vérité, l'écologie humaine invite à considérer que le mystère de la personne restera toujours plus complexe que les réductionnismes qui prétendent l'élucider. Mais elle consent aussi à entrer dans la complexité des problématiques sociales. La vie démocratique ne saurait se limiter aux processus électoraux trop souvent entachés de supercherie. C'est en saisissant à bras-le-corps les enjeux politiques les plus complexes que l'on fera œuvre politique digne de ce nom. La question du travail dominical, par exemple, pour ceux qui sont attachés à cette pause hebdomadaire rituelle collective répondant à un besoin sacré de l'homme, ne peut faire l'économie de la complexité. Qui prétendrait se passer, lors de son jour de repos, des services d'urgence, de transport, de loisirs... ?

Le service de la vérité nécessite la collaboration honnête entre plusieurs personnes appelées à coconstuire des solutions créatives au service du bien commun. Cette attitude suppose que chacun conserve la paix du cœur, sans laquelle l'ouverture à la parole de l'autre serait compromise. Et pour tous de rester dans l'humilité vis-à-vis du réel. C'est à cette condition que peuvent s'établir des cercles vertueux de confiance interpersonnelle qui constituent le terreau favorable à la vraie politique. C'est en partant de nos initiatives de proximité que nous pourrons établir cette politique fondée sur la vérité. C'est elle qui, ultimement, peut gouverner les questions cruciales désormais posées à l'humanité.

La vie dans la vérité doit permettre de répondre à celles qu'a soulevées Jacques Attali dans sa tribune déjà évoquée. Après avoir synthétisé à sa façon ce que nous appelons pour notre part l'état d'urgence anthropologique : « Comment permettre à l'humanité de définir et de protéger le sanctuaire de son identité ? Comment poser les barrières qui lui permettront de ne pas se transformer en une collection d'artefacts producteurs d'artefacts ? Comment faire de l'amour et de l'altruisme le vrai moteur de l'histoire[1] ? »

Défendre le for intérieur

La première tâche pour tout artisan d'écologie humaine est d'habiter son for intérieur. Il s'agit du sanctuaire de son identité personnelle. C'est une forteresse inviolable, pour qui la sait invulnérable. C'est en effet le

1. Jacques Attali, « Vers l'humanité unisexe », Slate, *op. cit.*

siège imprenable de la conscience. Toute conscience ne peut s'exprimer librement que dans le silence de la vie intérieure. Voilà un jardin qui mérite d'être visité et entretenu avec ferveur. « On ne comprend absolument rien à la civilisation moderne, écrivait Georges Bernanos en 1947, si l'on n'admet pas d'abord qu'elle est une conspiration universelle contre toute espèce de vie intérieure[1]. » La révolution de l'écologie humaine doit aider chacun à reconquérir sa conscience personnelle contre la pensée totalitaire.

Face à la chimère menaçante du point de singularité posthumaniste qui prétend dépasser l'homme, l'écologie humaine oppose un autre point de singularité qui place au contraire l'homme au sommet : tout être humain mérite de se savoir singulier ! Unique, irremplaçable, indépassable. Une telle singularité récuse toute hiérarchie entre les hommes. Seuls les dictateurs en puissance pensent l'inverse. La biologie offre à chacun – même aux vrais jumeaux – un patrimoine génétique toujours unique et toujours imparfait. Puis chaque vie singulière s'enrichit d'une expérience indescriptible. La singularité est propre à l'homme. Pied de nez au fantasme posthumaniste : inutile de croire que l'herbe serait plus verte ailleurs. Pourquoi chercher l'homme où il se perd ? Se montrer insatisfait de la condition humaine, c'est faire preuve d'une sacrée dose d'ingratitude.

Il faut insister ici sur une caractéristique trop souvent méconnue de la personne humaine qui lui interdit l'accès

1. Georges Bernanos, *La France contre les robots*, Robert Laffont, 1947.

aux décodeurs les plus sophistiqués que nous prédisent les adeptes du posthumanisme : son incommunicabilité. C'est elle qui la rend inaliénable. Aucun être humain ne peut forcer un autre être humain à désirer ce qu'il veut qu'il désire. Et nul ne peut vouloir à sa place. À chacun son intériorité. La volonté ne se transfère ni dans d'autres cerveaux ni dans une machine. C'est une exigence de notre dignité, de notre liberté et de notre responsabilité. À préserver jalousement.

Si la biodiversité de la flore et de la faune est précieuse, elle se mesure au nombre d'espèces ou de races animales. La biodiversité humaine se mesure au nombre d'individus. Bonne nouvelle ! Chacun est irremplaçable. C'est la raison pour laquelle nous ne saurions appliquer aux hommes les recettes utilisées pour la gestion des espèces animales. Chaque homme compte pour construire le monde. Voilà pourquoi la société a besoin que tout être humain « se reçoive » pour s'accomplir. Cette opération s'effectue dans le for intérieur de chacun.

À partir d'avril 2013, l'émergence du mouvement des Veilleurs puis celui des Sentinelles s'inscrit dans le retour au for intérieur. Lieu où l'on prend conscience de ses racines, de sa culture, de son identité, et où l'on se laisse appeler. Car tout appel naît dans le sanctuaire inviolable de la conscience.

La vie intérieure est notre chambre haute, siège d'un trésor imprenable. Ajoutons que c'est seulement dans le terreau de la vie intérieure que peut germer la vie spirituelle.

L'agitation superficielle et le bruit continu soumettent aux pensées dominantes. Elles fonctionnent comme des entraves à l'humanité. Entendre l'appel de la conscience suppose de se garder de notre propre dénaturation sous l'effet de l'overdose de sensations. « Il m'arrive de penser, explique Dominique Ponnau, conservateur général du patrimoine et directeur honoraire de l'École du Louvre, que nous sommes en train de changer de nature, ne serait-ce que par le fait que nos oreilles sont agressées par tant de bruits insupportables et qui, au sens exact du mot, nous assourdissent, et que nos yeux sont aveuglés par tant d'images violentes s'imposant non seulement par leur rapidité et leur brutalité physique, mais par la superficialité ou l'ignominie de leur contenu[1]. »

Savoir se retrancher du brouhaha offre, à portée de la pensée, le trésor de la vie intérieure. Silence, la vie tourne !

Philippe Pozzo di Borgo rapporte, au début de son livre *Toi et moi, j'y crois*, écrit en 2014 à l'hôpital, à quel point « d'interminables périodes de silence, et particulièrement les plus récentes, ont pu modifier [sa] perception des rapports humains[2] ». Le livre est rédigé plus de vingt ans après l'accident qui a rendu tétraplégique le véritable héros du film *Intouchables*. Et voilà que tombe une remarque stupéfiante chez celui qui vient de passer près d'une année supplémentaire d'hospitalisation, pour

1. Dominique Ponnau, « La notion de progrès est-elle pertinente dans les domaines des arts et de la littérature ? », in Académie catholique de France et Institut catholique de Lyon, *Le Progrès*, Parole et Silence, 2012.

2. Philippe Pozzo di Borgo, *Toi et moi, j'y crois*, Bayard, 2015.

l'essentiel alité : «Je n'avais pas suffisamment fait silence dans ma vie pour y pouvoir trouver une pertinence.» Le bruit nous condamnerait-il à l'impuissance intérieure? De quoi inciter tout lecteur soucieux d'écologie humaine à laisser tomber *sine die* le présent ouvrage pendant – disons – une heure au moins, pour entrevoir la pertinence de sa vie. Et commencer la chasse à la vacuité.

Nouer des liens avec les fragiles

La révolution de l'écologie humaine appelle tout homme à reconnaître et tisser en conscience des liens d'interdépendance avec les autres, chacun selon son appel et ses talents propres.

Cette action mérite de se réaliser au plus près des corps de nos contemporains, faute de quoi elle risque d'être déconnectée du réel, et devenir idéologique. Rappelons-nous la critique d'Alexis de Tocqueville sur la propension des Français aux idées politiques désincarnées...

Vivre avec les faibles, les méprisés, les rejetés, c'est une école d'humanité. Un sas de décontamination pour ceux que l'idéologie pollue. Tout aspirant à un mandat public devrait commencer par passer quelques mois au contact des citoyens les plus marginalisés : dans un établissement d'hébergement pour personnes âgées dépendantes (Ehpad), une institution pour enfants handicapés, une unité de soins palliatifs, un centre de détention, une cité «difficile», un camp de Roms, une favela d'Amérique latine, un pays pauvre d'Afrique ou d'Asie...

Il s'agira d'abord d'y écouter et d'y voir. « Les faibles enseignent aux forts à accepter et intégrer la faiblesse et la brisure dans leur propre vie », explique Jean Vanier, le fondateur des communautés de l'Arche, qui vit depuis cinquante ans avec des personnes qui ont un handicap mental. Non seulement le parti pris des fragiles est le propre de toute société humaine digne de ce nom, mais encore la présence des fragiles humanise ceux qui se croient forts, en les autorisant à se reconnaître limités. En refoulant nos propres limites, nous élucubrons un monde triste, violenté par l'injonction de réussir, de gagner, de dominer. « Je suis toujours étonné de voir que le partage de nos faiblesses et de nos difficultés nous apporte beaucoup plus que le partage de nos qualités ou de nos succès[1] », ajoute Jean Vanier.

Retour au corps

Agir, c'est d'abord mettre en œuvre sa propre présence. C'est par le corps réel qu'on agit. Le regard, la voix et les mains sont les organes privilégiés de l'intelligence du cœur et de l'esprit. La plongée dans le réel s'impose plus que jamais, car les réseaux prétendument sociaux se révèlent vite « asociaux », desséchants, s'ils ne se traduisent pas par des relations concrètes de personne à personne, de corps à corps.

1. Jean Vanier, « Être pleinement humain », http://www.jean-vanier.org/fr/son_message/l_humain_selon_jean_vanier/etre_pleinement_humain

La culture de la rencontre authentique est une clé de l'écologie humaine. J'ai besoin d'autrui pour me connaître ; l'autre me révèle qui je suis. Une communication interpersonnelle se révèle toujours plus riche que les codages réducteurs des systèmes d'information... Elle ne peut se vivre que dans une unité de temps et de lieu. L'homme n'est pas seulement cérébral, il est viscéral : la réponse aux élucubrations posthumanistes passe par la totalité du corps. Derrière les « augmentations » de puissance que promettent les mutations technologiques se dissimulent souvent à la fois un affaiblissement du corps, un déni de sa vulnérabilité et une violence aveugle...

Revenons le plus possible aux mains nues et au visage découvert : ils sont communiquants par excellence, sans épuiser toute la panoplie du langage du corps. Ce n'est encore que l'enveloppe corporelle. Ce que l'être exprime de plus essentiel vient toujours du plus profond de son corps. Les sentiments jaillissent du cœur voire des entrailles qui sont – plus encore que le cerveau – siège d'humanité. L'on n'a pas fini de découvrir combien, depuis des corps situés à la « juste distance », émanent sous forme d'ondes ou de molécules des informations subtiles qui enrichissent les relations interpersonnelles, même si elles les rendent plus complexes.

Ramener l'être au cerveau, c'est réduire l'humanité. Premier pas vers l'homme-machine, antithèse de ce qui nous tient le plus à cœur : le pardon, l'accueil, la tendresse, le respect mutuel, l'affection, la consolation. Autant d'attitudes qui mobilisent le corps dans sa globalité, en tous ses membres. Car chacune de ces attitudes se manifeste pleinement par un geste corporel : main tendue, bras ouverts, accolade, caresse, embrassade, étreinte. Un automate serait bien impuissant à les traduire sans les dénaturer. Quant à prétendre qu'un robot pourrait les échanger avec une personne, ce serait faire régresser cette dernière vers le doudou informatique. Mensonge technologique que certains imaginent imposer aux personnes âgées esseulées pour les consoler à bon compte de leur abandon.

C'est en redonnant au corps sa juste place que l'on consentira à l'exigence morale essentielle formulée par Emmanuel Kant : « Agis de telle sorte que tu ne traites jamais la personne d'autrui simplement comme un moyen, mais toujours et en même temps comme la fin de ton action[1]. » Toute action authentiquement humaine est appelée à faire grandir l'humanité ; si l'autre ne saurait être un objet qu'on use ou dont on abuse, il ne peut se réduire à un interlocuteur lointain.

Revenir au corps, c'est enfin défendre, développer et vivre pleinement les rites mortuaires. L'humanité a comme spécificité de prendre soin du corps de ses morts. Veiller le corps des plus proches défunts, le toucher, en parler, c'est une expérience humaine fondatrice qui donne, paradoxalement, des forces de vie. Beaucoup en sont privés par ignorance, par peur, ou faute de pouvoir accéder au corps. La loi française a heureusement reconnu aux parents endeuillés par une « fausse couche » tardive

1. Emmanuel Kant, *Fondements de la métaphysique des mœurs*, Hartknoch, 1786.

le droit de célébrer des obsèques des fœtus mort-nés, à partir de vingt-quatre semaines de grossesse ou ayant un poids d'au moins 500 grammes. En revanche, en 2015, le gouvernement a tenté d'interdire les soins de thanatopraxie à domicile, souvent indispensables à la conservation du corps jusqu'aux obsèques. La même année, la réforme du don d'organe a écarté l'aval des proches, risquant d'accréditer l'idée d'une «nationalisation des corps». Un risque : voir les corps des défunts moins comme des dépouilles mortelles à honorer que comme des réserves d'organes pour la collectivité. Il est essentiel de préserver la valeur du don – qui n'est jamais un dû – et d'impliquer dans cette démarche généreuse la famille endeuillée.

Les rites de deuil, en permettant de «réaliser» la mort corporelle, questionnent chacun sur le sens de sa propre vie, et favorisent le sentiment d'une fraternité universelle.

La dignité, expérience d'émerveillement

La croissance des êtres humains s'effectue par étapes, au fil de rencontres décisives.

Les personnes fragiles *vraiment* rencontrées agissent comme un double révélateur : elles révèlent d'abord leur beauté spécifique, au-delà de toutes leurs limites; elles attestent ensuite notre difficulté personnelle à les accueillir inconditionnellement. Ces expériences apparemment contradictoires de l'émerveillement et de l'effondrement devant l'être humain fragile – quelle que soit sa fragilité – sont en réalité précieuses, complémentaires et universelles.

D'abord l'émerveillement. Chacun mérite d'être transformé un jour en découvrant à quel point une personne fragile qu'il avait tendance à mépriser, rejeter ou craindre lui fait connaître une vérité sur l'homme que personne ne lui avait jusqu'alors offerte : l'expérience de la dignité humaine, intacte dans le dénuement. Un tel émerveillement peut être provoqué par un proche devenu malade et dépendant. Il naît souvent au travers de la tendresse : le corps blessé parle soudain vrai. Ainsi peut s'incarner la conviction du respect de « tous les hommes », quelle que soit leur situation. Nous méritons d'être saisi par le mystère de la grandeur de l'être humain qui semblait si petit en découvrant avec Blaise Pascal que « l'homme passe infiniment l'homme ».

L'effondrement vient ensuite : c'est une expérience inverse, également précieuse. Elle survient un autre jour, quand, soudain, nous avons l'impression de perdre pied devant une épreuve humaine difficile, peut-être épouvantable, et que nous dirons « insupportable ». Cette épreuve peut toucher une personne que nous rencontrons ou accompagnons, et qui peut être un proche. Nous voilà soudain dans la « déréliction ». Les « beaux principes » du respect de tout être humain s'effondrent. Nous n'y croyons plus. Nous ne les sentons plus. Nous avons perdu nos repères. Cette personne n'a plus à nos yeux figure humaine. Dans son état, sa vie nous paraît vaine. Ce qui n'était qu'une idéologie de la vie, cérébrale ou émotive, parce que désincarnée, peut alors douloureusement descendre dans nos entrailles pour se muer en conviction humble et ferme : « La vie est décidément plus grande que ce que j'en ressens. » C'est le moment d'une sage décision, d'un renoncement à se décréter source, maître et juge de la vie. Elle demeurera respectable malgré toute apparence. Un pas décisif d'humanisation est franchi, car chaque être humain mérite de bénéficier du pari de la dignité.

Descente en humanité

En nous poussant dans nos retranchements, les personnes fragiles nous font donc à la fois sortir de la désillusion et de l'illusion. Leur fréquentation nous rend réalistes. Elles nous incitent à mettre la fragilité au centre de nos vies, seule façon pour Philippe Pozzo di Borgo de « nous réconcilier avec notre part de fragilité ». La bienveillance pour les plus fragiles embellit tous nos rapports humains jusqu'à nous désarmer de toute haine devant nos ennemis. Accueil inconditionnel de l'autre et amour des ennemis sont deux critères reliés dont on n'a pas assez saisi le caractère révolutionnaire. Si l'écologie humaine combat les idéologies, elle ne récuse aucun homme. Elle est pour tous les hommes. Chacun a intérêt à ce que soient respectés « tout l'homme et tous les hommes » et « toute la vie et la vie de tous ». N'est-ce pas l'intérêt de tous de transmettre aux générations futures des repères anthropologiques vrais et féconds, et une planète habitable ? La révolution de l'écologie humaine propose à l'homme de faire la paix avec lui-même.

Ne passons pas à côté des plus fragiles si nous voulons devenir plus humains ! C'est le conseil que pourraient donner les milliers de personnes engagées dans des associations qui ne font pas de bruit : volontaires de la rue, visiteurs de prison, de ghettos urbains ou de personnes âgées, colocataires solidaires, bénévoles dans une association de soins palliatifs, assistants des communautés de l'Arche ou accompagnateurs d'À Bras Ouverts auprès de personnes ayant un handicap...

Le souci d'écologie humaine incite donc chacun à s'investir dans les initiatives qui densifient le réseau d'interrelations solidaires entre les humains. Avec une priorité pour ceux qui sont marginalisés... Attention donc à la pensée désincarnée ! Pierre Teilhard de Chardin avait prédit la « planétarisation » de la société humaine. Au-delà de la biosphère qui recouvre notre géosphère d'une fine pellicule de vie où l'humanité a surgi, il imaginait que l'homme, après avoir densifié son occupation de la planète et développé les interrelations entre les peuples, élaborerait bientôt une « noosphère », c'est-à-dire une « pellicule de pensée enveloppant la Terre, formée de communications humaines ». Il y voyait la source de l'émergence d'une fraternité universelle. Il parlait d'une « hominisation » de la planète : « Chaque centre, ou conscience individuelle, expliquait Teilhard, est amené à entrer en collaboration toujours plus étroite avec les consciences avec lesquelles il communique, celles-ci devenant à terme un tout[1]. »

1. Pierre Teilhard de Chardin, *Le Phénomène humain*, Le Seuil, 1955.

Certains ont vu dans les « prédictions » teilhardiennes la géniale préfiguration d'Internet. Mais il faut se garder du réductionnisme digital. Certes, la Toile est le lieu d'émergence et le relais de certaines indignations légitimes, voire de salutaires prises de conscience mondialisées... Mais c'est aussi le lieu de l'effervescence égotique, émotionnelle, superficielle et consumériste. La révolution de l'écologie humaine ne peut se faire avec des yeux passifs continuellement rivés sur les écrans et les claviers. Ce serait absolutiser un moyen et dénaturer la fin. Cliquer avec fébrilité sur des pétitions à la chaîne ou en commenter rageusement l'actualité continue de la déconstruction ne forcera pas l'avènement d'un monde meilleur. La fraternité universelle ne peut naître qu'au travers du mycélium. Elle ne peut prospérer que dans l'humus de la société, après des pauvres, des plus fragiles. Elle naîtra d'une descente en humanité.

Il faut mettre la main à la pâte... humaine. À l'immédiateté des sommets factices offerts par Internet s'oppose la patiente descente vers la relation qui humanise. Les personnes atteintes de la maladie d'Alzheimer, par exemple, nous mettent au pied d'un mur. Les voilà intrinsèquement déconnectées du monde virtuel, mais pas forcément de l'essentiel. Si nous voulons les rejoindre, s'impose d'abord l'évidence de notre propre déconnection. Nous voilà dépouillés, démunis, disponibles. À leur contact et à leur chevet, sommes-nous maintenant capables de choisir le « présent d'éternité » ? Ce présent-là est un temps qu'on leur offre autant qu'un cadeau qu'elles nous font. Auprès d'une personne largement privée de sa mémoire, nous passons de l'immédiateté à l'éternité.

Opter pour l'humain dans les choix de la vie

Pour faire face à l'urgence anthropologique, la révolution de l'écologie humaine appelle chacun à orienter prioritairement sa vie personnelle et professionnelle dans les domaines et vers les lieux où il pourra plus efficacement servir « tout l'homme et tous les hommes ». Et tant mieux si l'urgence anthropologique nous favorise un « désembourgoisement » par des choix de carrière délibérément détournés de l'élitisme et du consumérisme pour « choisir l'homme » !

Plutôt que d'abandonner le terrain des responsabilités à la déconstruction, il s'agit de se libérer de son emprise pour prendre l'avenir en main. En commençant, dans les grandes décisions vocationnelles, par vaincre certains conditionnements qui empêchent trop souvent l'homme de rejoindre l'homme. Reconnaissons la puissance d'aliénation de la société d'opulence et d'hyperconsommation. Le système inféode ceux qui en dépendent. Et notamment le système ultracapitaliste qui ne cesse de nous demander des gages de soumission. Il faut, croit-on, s'assurer toujours davantage, se sécuriser, optimiser et profiter... Cercle vicieux matérialiste. Mais on se perd à force de se garder. S'il fallait toujours gagner plus pour consommer plus et accumuler plus, quelle énergie resterait-il pour changer le monde ?

En état d'urgence anthropologique, tant l'idolâtrie du travail dénué de sens que celle des loisirs vains deviennent des obstacles pour ceux qui pourraient se consacrer à s'engager au service de la cité. Les métiers de l'enseignement, de la recherche, de la santé, du monde social et humanitaire, de la justice, des médias et de la culture – la liste n'est pas exhaustive – méritent d'être davantage investis par de solides artisans de vie.

Encore faut-il se battre et s'entraider pour discerner les vocations et surmonter certains obstacles : robotisé par les normes, les *numerus clausus* et l'élitisme abstrait, chacun risque toujours de renoncer à devenir soi-même.

La figure des parents se met parfois en travers du chemin d'humanisation. Un tout-puissant surmoi parental divinisé peut longtemps interdire à certaines personnes de répondre à leur vocation en les empêchant de se consacrer au bien-être de l'homme et au service du bien commun. Trop d'êtres s'étiolent dans des chemins convenus qu'ils n'ont pas vraiment choisis et qui leur ont parfois été imposés. La répétition conformiste des états de vie qui s'observe encore trop souvent ne répond ni au défi du temps de l'homme ni aux aspirations de chacun. La famille, incubatrice des vocations, ne doit pas perdre de vue son but : la liberté.

Tous (méta)politiques !

Nous l'avons expliqué, la société est à transformer de l'intérieur. La révolution de l'écologie humaine est, dès son origine, résolument politique, et même « métapolitique » dans la mesure où tout parti devrait intégrer l'écologie de l'homme comme principe fondateur de son projet.

Chacun peut être acteur de l'écologie humaine en s'assumant comme un travailleur social de terrain, un entrepreneur de l'humanitaire créatif ou un responsable politique décidé. À chacun d'innover pour transformer le monde autour de soi, avec les autres et sans craindre l'ambition politique. Celle de servir sans se servir.

Il ne s'agit surtout pas d'épouser le tropisme typiquement hexagonal de la recherche éperdue de l'homme providentiel. Une énorme énergie intellectuelle et mentale est dilapidée dans notre pays dans cette quête toujours vaine. Les Français en débattent comme s'il fallait donner la clé au plus digne de confiance et comme si la désignation d'un tel libérateur dépendait d'eux. Ils sont régulièrement prêts à se jeter dans les bras d'un nouveau chef, qu'ils brûleront, dépités, le moment venu. Les faiseurs de rois courent les rues. Leurs enthousiasmes éphémères semblent toujours prêts à se répéter. Chaque échéance électorale, y compris interne aux partis, multiplie les occasions d'engouement qui promettent autant de désillusion. Le monde politique exalte les chefs omniscients et dominateurs ; la métapolitique a besoin de leaders humbles, de cadres reliés, toujours en cours de formation, capables d'avouer aussi souvent que nécessaire : « Je ne sais pas ! »

Un autre écueil, devant la déconstruction, serait… d'attendre la fin ! Les discours tantôt apocalyptiques, tantôt millénaristes risquent d'obnubiler et de fasciner plutôt que d'impliquer et d'engager. S'y apparente l'attentisme un zeste sadomasochiste de ceux qui, voyant la situation se dégrader, attendent qu'on « touche le fond pour rebondir ». Prétexte pour ne rien faire et ratiociner stérilement. Qu'importe si la fin est demain ! Il reste aujourd'hui pour agir.

L'idolâtrie de l'homme providentiel a son pendant : l'idolâtrie de l'adversaire, la tête de Turc, fût-elle présidentielle, sur laquelle on s'acharne bêtement jusqu'à comptabiliser le nombre des nœuds de cravate défaillants. Meilleure façon de transformer un moyen dérisoire en but absurde, et d'y engloutir toute son énergie.

Le film d'animation *1001 Pattes* offre une allégorie assez juste de la domination factice de la culture de la déconstruction. Une paisible colonie de fourmis y vit terrorisée par la menace d'orthoptères totalitaires, jusqu'au jour où elles se découvrent parfaitement capables de leur résister, et de les expulser sans perte. Il suffit d'un retournement intérieur. Et d'une prise de conscience collective. La révolution de l'écologie humaine nécessite que chacun agisse sans craindre continuellement les délateurs de la police de la pensée. Certes, certains de ses agents tiennent les cordons de la bourse, disposent des moyens de rétorsion administratifs voire judiciaires et ont un accès privilégié aux médias. Mais leur maîtrise des leviers du pouvoir reste très relative. Internet, les médias alternatifs et les lieux concrets d'enracinement du mycélium sont déjà plus réels que bien des institutions qui se croient « de référence ». Leur crédit peut s'évanouir en un instant, comme celui du CESE perdant toute légitimité démocratique en une décision unique de son président[1].

Une nouvelle génération s'est levée ; elle est en passe de supplanter la faillite culturelle des artisans de Mai 68 à la fois embourgeoisés et désenchantés. La chronique quotidienne de Daniel Cohn-Bendit sur Europe 1 est un privilège d'Ancien Régime, dernière étape avant inventaire. L'avenir se joue ailleurs.

La fin de l'ère de l'intimidation est décrétée. Il suffit de rappeler encore l'effondrement des grandes idéologies mortifères. Les inspecteurs de la pensée peuvent bien intimider ici une étudiante russe en attente de naturalisation[2], là un enseignant en quête de titularisation, ailleurs un maire réfractaire ou un contribuable... Le mur de la peur ne peut tenir. Le copinage ne peut durablement entretenir l'illusion d'une domination culturelle en perte de vitesse.

---

1. Le 26 février 2013, le Conseil économique social et environnemental avait jugé irrecevable la « pétition citoyenne » record, attestée par huissier, signée par plus de 700 000 personnes, qui demandait l'avis du Conseil sur la loi ouvrant le mariage et l'adoption aux couples de même sexe. Le 30 juin 2014, le tribunal administratif de Paris a annulé cette décision pour erreur de droit et violation de la loi organique.

2. *Cf.* Stéphane Pair, « Une jeune Russe sommée par la police d'espionner la Manif pour tous ? », France Info, 5 mars 2014, http://www.franceinfo.fr/actu/faits-divers/article/une-jeune-russe-sommee-par-la-police-d-espionner-la-manif-pour-tous-325841

Tisser, en finesse, la société

Mieux vaut donc réserver ses forces à l'action politique qui consiste à construire ici et maintenant la cité. Sans attendre ni bénédiction ni subventions publiques, ni même autorisation. Il suffit d'agir, en commençant par se relier.

Car le bâtisseur ne peut utiliser la technique du démolisseur. Démolir la maison commune ne nécessite ni cohérence ni unité. Irresponsables, les déconstructeurs l'attaquent dans le désordre, avec une prédilection pour ce qui tient le tout. Construire nécessite au contraire un esprit d'audace et de communion, des spécialistes, un ordre et une organisation.

Le monde a besoin de tisserands paisibles et décomplexés, soucieux d'écologie humaine, pour relier leur implication en corrélant les domaines économiques, humanitaires, sociaux, environnementaux et politiques... Toutes les activités humaines sont concernées : agriculture, urbanisme, entreprise, santé, action sociale, enseignement, art... Il s'agit d'instaurer partout un humanisme intégral, le seul qui soit cohérent.

Chaque être humain, salarié ou pas, est un «*Homo faber*», un travailleur désireux de transformer son environnement, de l'embellir, de le rendre plus apte à la vie. Et capable de réaliser cette noble tâche avec les autres. Quand tant de «misères de notre peuple» ont leur origine dans la perte des repères anthropologiques, il n'existe pas de spectateur conscient qui ne soit appelé à devenir « engagé ». Et face à la complexité des situations, l'engagement suppose d'agir avec d'autres.

Passer de l'impuissance à l'engagement est source de joie, parce que cela permet à chacun de se situer à la hauteur de son être profond : « Il s'agit de sortir de la passivité et de la tristesse qui résultent du constat de n'être que le produit de causes extérieures, comme une sorte de marionnette animée par des fils invisibles[1] », notent les auteurs de *La Société en action*. Cet engagement sera d'autant plus épanouissant qu'il s'enracinera dans la proximité, dans un territoire, en lien avec des personnes au sein d'un environnement culturel et naturel partagé. L'écologie humaine, à partir du principe de vie, s'attache à préserver les équilibres nécessaires à la vie de chaque personne : « Cette personne concrète, sa vie, ses besoins vitaux de nourriture, d'affection, de considération, de solidarité et d'intimité, la continuité de son expérience de vie constituent alors l'enjeu politique central[2]. »

Agir pour l'homme est une question de dignité personnelle pour tout homme. La logique anthropologique de l'écologie humaine (« tout l'homme et tous les hommes ») doit donc se décliner dans toutes les activités humaines. Cela nécessite de revisiter ensemble chaque domaine, de dépasser les clivages qui stérilisent trop souvent les débats, et de regarder quels nouveaux chemins d'humanisation peuvent être empruntés, tracés, inventés.

---

1. Danièle Bourcier, Gilles Hériard Dubreuil et Sylvain Lavelle, *La Société en action : une méthode pour la démocratie*, *op. cit.*
2. *Ibid.*

L'écologie humaine part du parcours de l'homme pour aboutir à des perspectives politiques. Mais elle évite les simplifications politiciennes : elle préfère consentir à la complexité – toujours croissante – de la vie en société et des problèmes de conciliation qu'elle induit. La véritable gouvernance démocratique des questions de société renonce aux réponses simplistes dictées par la facilité, la présomption ou l'ignorance. Les acteurs du mycélium veillent à prendre en compte cette complexité croissante des réalités historiques, sociales, économiques auxquelles ils se confrontent. Pensons à la sédation « profonde et continue jusqu'au décès », c'est-à-dire terminale, soudain sortie du chapeau comme la solution au « mal-mourir » dont souffrirait la France. Il s'agit d'un leurre. Et d'un piège. C'est en acceptant de se laisser confronter à la complexité médicale, sociale, psychologique, spirituelle des situations de fin de vie que peuvent émerger, au cas par cas et au jour le jour, des réponses adaptées, dignes de l'humanité[1]. Même exigence pour aider avec justice les personnes qui se retrouvent dans la rue, les adolescents en crise, les anciens détenus, les migrants... La complexité du réel est conforme à la richesse l'homme : elle encourage sa créativité et l'incite à se former.

Des militants d'une cause clé, celle de l'enfant, éveillés au bien commun, déjà acteurs de la révolution de l'écologie humaine, peuvent sans complexe assumer leur

1. *Cf.* l'étude participative coordonnée par l'espace de réflexion éthique de Picardie en 2014. http://www.lavie.fr/actualite/bioethique/parmi-les-72-preconisations-sur-la-fin-de-vie-aucune-ne-fait-appel-a-l-euthanasie-02-04-2014-51530_394.php

mutation en artisans de vie. Les slogans doivent faire place à la créativité sociale. La cohérence anthropologique qui les habite et leur liberté vis-à-vis du système les rendent aptes à envisager les solutions capables de protéger l'homme des dérives qui le menacent.

Devenu ou redevenu avec d'autres un acteur de terrain, le militant engagé est prémuni de l'idéologie désincarnée. Il engrange progressivement une expérience, une expertise, un savoir unique qui en fait un travailleur social et un entrepreneur humanitaire. Il est libre de changer le monde à sa hauteur, car c'est toujours à hauteur d'homme, à partir d'expériences personnelles singulières, que les innovations sociales sont nées. Il n'est plus soumis aux sentiments stériles de fascination ou de répulsion vis-à-vis des autorités.

Pour des réseaux organiques

Le temps de l'individu est révolu. Place à la personne ! Ce n'est pas le moment de se taire, ou de se terrer chacun chez soi. Mais il ne s'agit pas non plus de prétendre agir tout seul en tentant des sorties intempestives, ou de crier dans le désert. C'est une question de réalisme : seul, l'être humain erre inévitablement dans l'idéologie ; chacun se construit vite un système dans lequel il croit voir le monde, alors qu'il ne voit pas plus loin que le bout de son nez. Nous avons besoin des yeux des autres, comme si notre regard n'était que l'une des mille facettes de l'œil d'une mouche. Que le prophète se sente si naturellement seul

– surtout dans son pays – incite les hommes à échanger leurs prophétismes.

Se constituer en courant de pensée et d'action est indispensable pour résister au totalitarisme de la pensée. Le temps de l'enracinement est celui de l'interdépendance. Seuls ceux qui se sentiront reliés par une fraternité d'armes humaines, dans leur ancrage auprès des personnes, seront capables d'humaniser le terreau social.

Un réseau humain ne fonctionne pas comme un réseau informatique, froid et calculateur ; il est « organique » : chacun le fait vivre et croître, en tant que personne unique, corps et esprit toujours en évolution. Le critère du développement personnel de chaque acteur est un critère majeur de la fécondité d'une action d'écologie humaine. L'un des fruits d'une œuvre sera toujours la croissance de ses artisans. Ils ne seront jamais des instruments sacrifiés. Adopter un tel critère permet de ne pas reproduire la dérive utilitariste qu'il s'agit de combattre.

L'homme n'est ni un objet, ni un outil, ni une arme, ni un cobaye. Il est à la fois la fin et le moyen de l'écologie humaine. Si le but d'une action est d'humaniser la société, il serait absurde que le moyen utilisé soit de déshumaniser ses acteurs. Le succès de toute entreprise d'humanisation s'évaluera donc d'abord à l'humanisation de ceux qui l'animent. D'où l'importance de suivre, au jour le jour, l'impact d'une entreprise sur ceux qui la conduisent, en étudiant la façon dont les succès, mais aussi les échecs sont facteurs de croissance personnelle.

Nous avons détaillé le modèle du mycélium pour exprimer la façon dont le substrat social peut être habité, transformé et vivifié par des acteurs. Mais quel serait le modèle de chaque croissance personnelle au milieu de tous ? Celui de l'arbre, dans la forêt. Gardant dans son tronc la mémoire des années passées, il continue de s'enraciner secrètement à mesure qu'il croît au grand jour. Il puise son énergie dans la terre comme dans le ciel. Il reste ainsi stable tout en se régénérant. Dans les écosystèmes des forêts, la croissance de chaque arbre s'harmonise à celle des autres. Chacun tend à la fois vers les sources de lumière et vers les sources d'eau. Des arbres serrés pousseront plus droit... Les arbres interfèrent plus qu'on ne le voit, par leur activité de surface et souterraine.

Comme la mère restera toujours reliée à ses enfants par la mémoire de ses entrailles, nous avons besoin de nous sentir solidaires du reste de l'humanité par les tréfonds de nos êtres, par des expériences sensibles, pas seulement par des idées. Pour agir et durer courageusement dans un contexte souvent hostile, nous avons besoin de frères de cœur, dignes de confiance, et en grand nombre. Or, rien ne relie plus authentiquement que l'expérience d'une action altruiste auprès des personnes, où se manifestent à la fois notre ingéniosité, notre générosité et nos limites. Agir ensemble dans ce contexte rend humbles, agiles et interdépendants.

Chacun, dans son état de vie, peut contribuer ainsi, d'une façon qui lui est propre, à faire avancer l'écologie humaine tout en grandissant. Il cherchera toujours à se relier à d'autres qui ont des préoccupations communes, voisines ou complémentaires. Notons que l'action incarnée unit concrètement alors que, trop souvent, les idées désincarnées divisent artificiellement.

Libération !

Peu importe, pour le moment, que les principaux leaders politiques nous semblent velléitaires, déconnectés ou desséchés. Si la transformation du monde exige un changement personnel, elle ne peut s'opérer que par une succession de mutations collectives, sagement concertées. Jusqu'à l'étage politique : il est un aboutissement plutôt qu'un préalable. C'est une raison de plus de nous investir dans l'action qui permet dès aujourd'hui de mettre en œuvre davantage de justice. Instaurer ce qui est juste là où sévit l'injustice est un exercice politique à la portée de chacun.

L'intimidation généralisée dont souffrent les innovateurs de l'écologie humaine leur impose trop souvent l'autocensure ; elle les amène trop souvent à ostraciser leurs propres frères. En fonction des lois sociétales en vigueur dans un pays, des discours de conviction, plus efficacement que des livres, sont frappés d'interdit. Chacun est tenté de se soumettre aux dominateurs et à leurs affidés, au prétexte qu'ils sont puissants ou riches, quitte à discriminer ses propres amis. Aliénation garantie : à force de refouler sa contestation par peur, on finit par intérioriser les « arguments » fatalistes auxquels on pensait résister. La « double pensée » n'est pas loin : selon les contextes publics ou privés, l'expression d'une même conviction sera approuvée ou réprouvée. La police de la pensée garde à vue. Il faut faire publiquement allégeance à ses dogmes qu'on déteste en privé. Et gare à celui qui enfreint la censure ! Son propre camp le lui reprochera. C'est ainsi qu'un peuple tombe dans la soumission idéologique.

Un grand mouvement collectif de libération de la parole est indispensable pour sauvegarder la conscience. Il nous faut bâtir une culture de la solidarité entre artisans d'écologie humaine. La pensée unique voudra toujours diviser ses adversaires pour les dominer. Une personne isolée dans sa ville, dans son métier, dans son activité est en danger. Elle risque d'accepter des rites initiatiques indignes, d'entrer dans la compromission ou la collaboration injuste, pour finir par perdre son âme et ses convictions, ou désespérer. D'où l'importance de s'entraider dans l'esprit de résistance anthropologique, au service de la vérité, contre la dialectique des déconstructeurs.

L'objectif des offensives dialectiques dictées par l'idéologie n'est pas la vérité mais la victoire. Tous les coups sont permis. Le but visé est la marginalisation, la ridiculisation et l'écrasement du bouc émissaire. La dialectique manipulatrice est toujours un outil totalitaire. Trop d'acteurs du mycélium sont encore tentés de se soumettre à son diktat, par peur de perdre. Au risque de faire allégeance puis de se corrompre. Pour ne pas se laisser happer par l'engrenage des silences puis des cautions à un système, un jour où l'autre, il faut dire « non ». Au nom de sa conscience libre, par amour de la vérité.

Les hommes qui construiront la société de demain sont des objecteurs de conscience.

Le réel libère : l'enracinement des artisans de l'écologie humaine dans une action concrète et efficace confère à chacun une expertise et une légitimité. Elle est utile à l'ensemble à condition que s'établissent entre tous des connexions interdisciplinaires. Droit, justice, santé, enseignement, recherche, action sociale, culture, justice : le travail de déconstruction a systématiquement investi chacun des domaines, pour y instiller son idéologie. Le travail de construction nécessite la même ténacité, avec, chaque fois, le souci non pas d'imposer des idées, mais de revenir aux besoins des personnes concrètes. Cela suppose évidemment de s'interdire les armes de l'adversaire. En optant pour la bienveillance.

Opter pour le débat bienveillant

Les déconstructeurs s'escriment – non sans succès – à donner des bâtisseurs une image péjorative, violente et réactionnaire, tout en récusant leur part de responsabilité dans l'atomisation de la société. Nous savons que leur stratégie est de réduire au silence leurs adversaires en générant leur « conscience malheureuse ». Le résultat d'une telle stratégie, courante dans les joutes politiciennes, est de stériliser le débat en le clivant artificiellement. Le risque est de dresser les citoyens les uns contre les autres.

L'écologie humaine propose de relier au lieu de cliver. S'il faut connaître les techniques dialectiques afin de les repérer et de déjouer leurs pièges, en les dénonçant formellement, s'en abstenir donne un avantage décisif à la vérité.

Mais comment faire ? Quels sont les principes du débat bienveillant ? Premier principe : laisser chacun se définir plutôt que s'acharner à l'étiqueter. S'abstenir, donc, de déguiser un adversaire avec sa caricature qui en fera un objet de dérision ou d'opprobre. S'attacher au contraire à lui reconnaître des qualités. Deuxième principe : chercher honnêtement les points d'accord et les points de désaccord. S'accorder sur les désaccords est un service rendu à la vérité. C'est un moyen de clarifier le débat, en évitant les faux-semblants. Troisième principe : accepter d'évoluer grâce à l'apport de l'autre. Et le lui dire. Tout cela suppose de reconnaître au préalable sa dignité inaliénable. Quitte à sauver une part de ses mobiles, même si l'on ne le suit pas dans ses conclusions. Puisque la plupart des revendications sociétales transgressives sont mues par des motivations partiellement honorables, même si elles tendent à bafouer les droits de la personne, ce sont elles qu'il faut savoir reconnaître et rejoindre.

Le débat bienveillant est indispensable pour dépasser les clivages dans lesquels la société française s'est bloquée. Ce n'est pas celui qu'apprennent les responsables politiques dans leurs « *media trainings* », toujours en quête de petites phrases et de parades-ripostes propres à éviter ce qui est profond. L'Audimat réclame aussi la confrontation virulente qui fera le buzz. Aux jeux du cirque, on affamait les fauves pour garantir leur agressivité... Aujourd'hui encore, les animateurs de débats veulent des orateurs « clivants ». Un débatteur paisible et vrai fera d'autant plus la différence.

Un dessein pour le peuple

Le peuple français qui semble se déliter dans la vacuité consumériste ou le communautarisme n'a perdu ni le goût de son passé, ni l'attachement à sa terre, ni sa culture partagée mais sa confiance dans ceux qui prétendent le diriger. Il lui manque un dessein commun.

Attendre le grand soir en déplorant l'atomisation de la société ne peut que forcer la frustration, le désespoir ou la violence. Ne tabler que sur les leaders politiques produits par le système est vain. Sans attendre, il est possible de se rassembler autour de projets à hauteur d'homme pour tisser la société de l'écologie humaine. Se poser en acteur, avec d'autres, d'un destin qui nous est commun, permet de déjouer les logiques libérales-libertaires ou victimaires. L'indignation ne suffit pas.

La révolution tranquille de l'écologie humaine répond aux aspirations profondes du peuple. Elle se déploie par des initiatives personnelles et collectives à partir d'idées toujours neuves inspirées par la bienveillance. Peu importe qu'on la nomme altruisme, solidarité, fraternité... Et pourquoi pas amour et compassion ? N'est-ce pas la seule énergie vraiment durable, renouvelable, gratuite et disponible ?

Celui qui agit dans un esprit de service ne peut céder au désenchantement à condition qu'il reste relié à d'autres partageant avec lui le souci de prendre des initiatives pour construire une société plus juste. Nous l'avons vu, dans chaque domaine, la complexité réclame de plus en plus un travail d'équipe et une expertise multidisciplinaire. C'est ce qu'explicite le « Manifeste du Courant pour une écologie humaine » : « Nous avons besoin d'une vision cohérente et unifiée des interactions entre les activités humaines, qui permette de mettre en relation ces initiatives et ces idées, d'éclairer leurs impacts et leurs effets réciproques sur le milieu culturel et naturel qui forme notre environnement vivant[1]. »

Tout homme désire prendre son destin en main avec d'autres et, par des actions concrètes et conscientes, contribuer au bien commun. Chacun peut devenir autour de lui « micro-macro acteur » de solidarité et de justice. Quelle joie de prendre conscience que chaque petit geste de justice et de paix contribue à faire l'histoire ! Les artisans de l'écologie humaine, par la cohérence de leur anthropologie, qui ne veut laisser aucun homme sur le bord du chemin, sont de précieux atouts pour « refaire un peuple[2] ». Leurs initiatives répondent aux attentes populaires de considération, d'entraide et de vérité sur l'homme. Le primat de la bienveillance régule l'énergie de l'indignation qui risque toujours de fracturer la société ou de livrer d'innocents boucs émissaires à la vindicte populaire.

---

1. Extrait du « Manifeste du Courant pour une écologie humaine », http://www.ecologiehumaine.eu/manifeste

2. « Refaire un peuple », thème du colloque annuel de l'institut Ichtus, 29 novembre 2015.

Et si l'épreuve nationale était un appel au peuple[1] ? Constatant que « la souffrance en commun unit plus que la joie[2] », Ernest Renan avait noté sa propension à se surpasser dans l'épreuve. Il définissait la nation à la fois comme « une conscience morale » et comme « une grande solidarité, constituée par le sentiment des sacrifices qu'on a faits et de ceux qu'on est disposé à faire encore. Elle suppose un passé ; elle se résume pourtant dans le présent par un fait tangible : le consentement, le désir clairement exprimé de continuer la vie commune[3] ».

Un peuple vivant ne peut jamais cesser de produire du commun. Force paisible de construction sociale, le mycélium organique de l'écologie humaine offre un relais souple au dépérissement de vieux systèmes rigidifiés, parfois fossilisés, qui bloquent la société. Quand le centre, où réside le pouvoir apparent, s'est sclérosé, c'est à partir des marges libres et créatives que jaillit la vie. Le foisonnement métapolitique de l'écologie humaine féconde aujourd'hui les périphéries de la société. Il a un coup d'avance sur le temps des politiques.

1. *Cf.* Tugdual Derville « Le sens de l'unité », 12 janvier 2015, http://www.tugdualderville.fr/le-sens-de-lunite

2. Ernest Renan, « Qu'est-ce qu'une nation ? », conférence à la Sorbonne du 11 mars 1882.

3. *Ibid.*

Conclusion

Humanité du temps présent

La révolution de l'écologie humaine commence aujourd'hui. Le temps de l'homme est le présent. Présent du passé, où l'on s'enracine chaque jour. Présent du futur, à construire sans attendre demain. Présent de la vie, à recevoir et à transmettre au quotidien. Le passé est trop souvent un temps de nostalgie, et le futur un temps de toute-puissance. Ou de fuite du réel.

Tout être humain est appelé à embellir le monde, en temps réel. C'est dans ce magnifique travail qu'il trouve son épanouissement véritable et sa croissance personnelle. De précieuses règles, immuables et universelles, de salutaires limites posent un cadre à la liberté de tout être humain pour qu'elle s'harmonise avec celle des autres. Il n'y a ni justice fiable ni lutte crédible contre l'injustice sans une sincère quête de vérité ancrée dans l'anthropologie intégrale. Une anthropologie du réel. Qui considère tout l'homme et tous les hommes. Sans aucune exception.

Seule l'humanité jouit de l'extraordinaire chance d'habiter le temps et l'histoire. Le respect des limites fixées au corps par l'espace et le temps nous protège et nous appelle. Le temps ne s'accélère pas. C'est une illusion d'optique à conjurer en renonçant à la frénésie pour privilégier la présence. Le temps est à prendre et à respecter. Chaque nouvelle naissance et chaque nouveau décès nous y incitent. L'humanité est une chaîne de solidarité dont tout maillon est sans prix.

Le temps est à nous. Support de notre histoire, source de nos progrès continus, vecteur de notre culture. Temps d'attente, de latence, de développement, de renoncement, d'épanouissement et de deuil. La vie est un processus continu et toujours inachevé, jusqu'à l'accomplissement de la mort. Tout mortel qui passe dans l'histoire y pose une empreinte où seul l'amour est ineffaçable.

L'espace habité par chaque personne est heureusement contenu par le corps qui l'occupe et le circonscrit. Il est son meilleur et son plus riche outil de communication. C'est là que l'être siège. C'est à partir de lui qu'il agit. Chacun «est ici» et «est maintenant». Inutile de rêver de s'extraire du corps ou du temps. Le corps, du plus vigoureux au plus fragile, à tous les âges de la vie, est à protéger de tout mépris, de tout avilissement, de toute dispersion. La sacralité du corps, écrin de l'esprit, est un rempart contre l'aliénation.

Choisir le temps de l'homme, c'est demeurer dans un corps périssable, sanctuaire de la conscience, et renoncer à idolâtrer nos plus géniales inventions. C'est reconnaître que chaque âge est le plus beau. C'est accepter l'expérience féconde du dépouillement, de la pauvreté, de l'échec et du deuil. C'est renoncer à croire que l'humanité pourrait conférer une âme à ses machines, idoles sans vie. C'est refuser la soumission à la technologie, pour qu'elle serve l'homme, et non l'inverse.

Pour se réconcilier avec la condition humaine, chacun a besoin de se réconcilier avec la nature, dont il est un élément unique, irremplaçable et inaliénable. En ne cessant jamais de l'admirer et de la respecter. La science en pleine expansion offre une expérience d'émerveillement renouvelée devant la beauté et la diversité des mondes, de l'infiniment petit à l'infiniment grand.

Merveilleuse créature qu'aucune autre ne dépasse, l'*Homo sapiens* est armé de tout son cœur, de toute son âme et de tout son esprit pour dompter les nouveaux défis qu'il fait surgir du précieux héritage de ses ancêtres. Sans jamais étouffer la soif de transcendance où réside le mystère de l'homme.

L'humanité tient les clés de son destin. Immense responsabilité, mais qui reste à son exacte hauteur. Comment raison garder ? Le temps de l'homme est un appel à la sagesse. Il nous appartient simplement de maîtriser l'usage de nos nouveaux et puissants outils avec plus encore de vigilance. À nous d'avoir le courage d'investir, pour les apprivoiser, l'intelligence qui est dépensée pour les concevoir.

L'urgence est au très long terme. Plus que jamais, nous avons la belle charge du temps lointain. Puisque l'évolution de nos modes de vie concerne désormais toute l'humanité présente, mais aussi celle des siècles à venir. Heureusement, la solidarité qui se projette au futur peut se vivre dès le présent. La gouvernance du long terme impose de se relier sans attendre, de collaborer, d'inventer de nouveaux processus ajustés aux défis de la vie, dont la complexité est à la fois nouvelle et exponentielle. La famille humaine, faite des communautés nationales et de cultures multiples, est désormais solidaire des générations qui viendront. C'est une chance.

Chacun peut prendre sa part du défi. Prendre soin dès aujourd'hui des plus pauvres, des plus fragiles, des plus rejetés, est la condition de notre humanisation. C'est déjà prévenir la fracture biotechnologique qui exclut la plus grande partie de l'humanité. Ce souci des plus vulnérables sera le critère premier d'une civilisation de l'amour. L'élan du cœur et la proximité des corps constituent l'antidote au réductionnisme digital. Chaque geste concret, y compris le plus humble, de respect, de tendresse ou de considération pour l'homme construit l'humanité durable, en faisant vivre l'anthropologie du don. Il y aura toujours des êtres humains dans la misère ou la peine à soutenir et consoler. Et puisque tout don est réciproque, il y aura toujours à recevoir d'eux sa propre consolation. Pour réguler nos pulsions de toute-puissance et juguler nos fantasmes d'autosuffisance, les pauvres sont toujours nos maîtres.

La récente prise de conscience de notre puissance inédite induit automatiquement une exigence renouvelée d'humilité. L'éthique et la vertu doivent suivre. Elles vont suivre. Les graves dérapages de l'humanité surgissent quand elle tâtonne dans l'inédit, incapable de maîtriser sa force par sa conscience. Jusqu'à constater les dégâts. Toute fuite en avant idéologique est rattrapée par le réel. Les idéologies meurent, la réalité demeure.

Le présent est notre seule chance. Se plaindre du temps présent serait ingrat puisque c'est lui qui nous est donné pour la vie. Le présent est un cadeau à découvrir pour agir. L'histoire nous appartient. Raison d'espérer : l'homme hésite, mais il est fait pour le bien. Il l'invente toujours à partir de son héritage. L'inépuisable espérance, c'est la créativité de l'amour. Maintenant.

Bibliographie

ATLAN Henri, *L'Utérus artificiel*, Le Seuil, 2005.

BARJAVEL René, *Ravage*, Denoël, 1943.

BASTAIRE Jean, *Éloge de la fidélité, au temps de l'éphémère*, Salvator, 2010.

BAUMAN Zygmunt, *L'Amour liquide : de la fragilité des liens entre les hommes*, Éditions du Rouergue, 2004.

BELLAMY François-Xavier, *Les Déshérités ou l'Urgence de transmettre*, Plon, 2014.

BENDA Václav, *La Polis parallèle, et autres essais : 1978-1989*, Desclée de Brouwer, 2014.

BENOÎT XVI, encyclique «*Caritas in Veritate*», Libreria Editrice Vaticana, 2009.

BERGERET Jean, SOULÉ Michel, GOLSE Bernard et SOUBIEUX Marie-José, *Anthropologie du fœtus*, Dunod, 2006.

BERING Jesse, *Pervers. Nous sommes tous des déviants sexuels*, H&O, 2016.

BERNANOS Georges, *La France contre les robots*, Robert Laffont, 1947.

BLOCH Marc, *L'Étrange Défaite*, Franc-tireur, 1946.

BOREL France, *Le Vêtement incarné. Les métamorphoses du corps*, Calmann-Lévy, 1992.

BOURCIER Danièle, HÉRIARD DUBREUIL Gilles et LAVELLE Sylvain, *La Société en action : une méthode pour la démocratie*, Herman, 2013.

BRUNEL Sylvie, *Manuel de guérilla à l'usage des femmes*, Grasset, 2009.

BRUSTIER Gaël, *Le Mai 68 conservateur*, Éditions du Cerf, 2014.

BUBER Martin, *Moïse*, Presses universitaires de France, 1957.

BUTLER Judith, *Trouble dans le genre*, La Découverte, 2005.

—, *Défaire le genre*, Amsterdam, 2012.

CARREL Alexis, *L'Homme, cet inconnu*, Plon, 1935.

CHANIAL Philippe (dir.), *La Société vue du don. Manuel de sociologie anti-utilitariste appliquée*, La Découverte, coll. « Textes à l'appui. Bibliothèque du MAUSS », 2008.

DAGOGNET François, *La Maîtrise du vivant*, Hachette, 1988.

DEBRAY Régis, *Jeunesse du sacré*, Gallimard, 2012.

DEBRÉ Bernard, *La Grande Transgression : l'homme génétiquement modifié*, Michel Lafon, 2000.

DROIT Roger-Pol, *Qu'est-ce qui nous unit ?*, Plon, 2015.

ELLUL Jacques, *Le Bluff technologique*, Hachette, 1988.

FOURGNAUD Agathe, *Le Jour où mes parents ont divorcé*, Presses de la Renaissance, 2009.

FRYDMAN René avec Judith PERRIGNON, *Lettre à une mère*, L'Iconoclaste, 2005.

GALLO Max, *L'Âme de la France : une histoire de la nation, des origines à nos jours*, Fayard, 2007.

GIRARD René, *Je vois Satan tomber comme l'éclair*, Grasset, 1999.

GOMEZ Pierre-Yves, *Le Travail invisible : enquête sur une disparition*, François Bourin éditeur, 2013.

—, *La liberté nous écoute : pour une écologie humaine*, Quasar éditeur, 2013.

GUILLEBAUD Jean-Claude, *La Tyrannie du plaisir*, Le Seuil, 2001.

HABIB Claude, *Galanterie française*, Gallimard, 2006.

HALLYDAY Johnny et MANŒUVRE Philippe, *La Terre promise*, Fayard, 2015.

HARGOT Thérèse, *Une jeunesse sexuellement libérée (ou presque)*, Albin Michel, 2016.

HAVEL Václav, *Essais politiques*, Calmann-Lévy, 1994.

HUXLEY Aldous, *Le Meilleur des mondes* (*Brave New World*), Chatto and Windus, 1932.

JEAN-PAUL II, encyclique «*Evangelium Vitæ*», Libreria Editrice Vaticana, 1995.

JUVIN Hervé, *La Grande Séparation. Pour une écologie des civilisations*, Gallimard, 2013.

KANT Emmanuel, *Fondements de la métaphysique des mœurs*, Hartknoch, 1786.

KERMALVEZEN Arthur, *Né de spermatozoïde inconnu*, Presses de la Renaissance, 2008.

KUNSTLER Charles, *La Vie quotidienne sous Louis XVI*, Hachette, 1950.

LACROIX Xavier, *Procréations artificielles, sexualité et filiation*, Laennec, 2008/4, tome 56, 2008.

LANG Jack, *Ouvrons les yeux ! La nouvelle bataille du patrimoine*, HC éditions, 2014.

LECAILLON Jean-Didier, *La Famille, source de prospérité*, Régnier, 1995.
LE CARDINAL Gilles, *Construire la confiance : de l'utopie à la réalité*, Presses universitaires de Sainte-Gemme, 2014.
LECLERC Gérard, *L'Amour en morceaux ?*, Presses de la Renaissance, 2000.
LE FORT Gertrud VON, *La Femme éternelle*, Via Romana, 2008.
LE NAIRE Olivier, *Pierre Rabhi, semeur d'espoirs*, Actes Sud, 2013.
LIPOVETSKY Gilles, *L'Ère du vide : essais sur l'individualisme contemporain*, Gallimard, 1983 ; rééd. coll. « NRF Essais », 1989.
LOUVET Louis-Eugène, *Les Missions catholiques au XIXe siècle*, Desclée, De Brouwer et Cie, 1898.
MAALOUF Amin, *Le Dérèglement du monde*, Grasset, 2009.
MANENT Pierre, *Situation de la France*, Desclée de Brouwer, 2015.
MARINOPOULOS Sophie, SELLENET Catherine et VALLÉE Françoise, *Moïse, Œdipe, Superman... De l'abandon à l'adoption*, Fayard, 2003.
MOIX Yann, *Naissance*, Grasset, 2013.
MOLIÈRE, *Le Bourgeois gentilhomme*, 1670.
MOUNIER Emmanuel, *Révolution personnaliste et communautaire*, Montaigne, 1935.
NAOURI Aldo, *Les Pères et les Mères*, Odile Jacob, 2005.
ORWELL George, *1984*, Secker and Warburg, 1949.
PAPE FRANÇOIS, encyclique « *Laudato si'* ». *Sur la sauvegarde de la maison commune*, Libreria Editrice Vaticana, 2015.
PEYRE Évelyne et WIELS Joëlle (dir.), avec la collabora-

tion de Mireille Ruppli et Josiane Gonthier, postface d'Éric Fassin, *Mon corps a-t-il un sexe ? Sur le genre, dialogues entre biologies et sciences sociales*, La Découverte, 2015.

Peyrous Bernard, *Connaître et aimer son pays*, Éditions de l'Emmanuel, 2011.

Ponnau Dominique, « La notion de progrès est-elle pertinente dans les domaines des arts et de la littérature ? », in Académie catholique de France et Institut catholique de Lyon, *Le Progrès*, Parole et Silence, 2012.

Pozzo Di Borgo Philippe, *Toi et moi, j'y crois*, Bayard, 2015.

Rabhi Pierre, *Vers la sobriété heureuse,* Actes Sud, 2010.

Rémond René, *Le Christianisme en accusation*, Desclée de Brouwer, 2000.

Rowe Stan, « Crimes Against the Ecosphere », *in* R. Bradley et S. Duguid eds, *Environnemental Ethics*, vol. 2, Simon Frazer University, 1989.

Simon Pierre, *De la vie avant toute chose*, Mazarine, 1979.

Singer Peter, *La Libération animale*, Payot, 1975.

Steffens Martin, *La Vie en bleu. Pourquoi la vie est belle même dans l'épreuve*, Marabout, 2014.

Sterne Laurence, *Voyage sentimental*, Jean-François Bastien, 1803.

Teilhard de Chardin Pierre, *Le Phénomène humain*, Le Seuil, 1955.

Testart Jacques, *Faire des enfants demain*, Le Seuil, 2014.

Tillinac Denis, *Du bonheur d'être réac : apologie de la liberté*, Équateurs, 2014.

Tocqueville Alexis de, *De la démocratie en Amérique*, Pagnerre, 1848.

TRÉMOLET DE VILLERS Vincent et STAINVILLE Raphaël, *Et la France se réveilla. Enquête sur la révolution des valeurs*, Éditions du Toucan, 2013.

VENIN Thierry, *Un monde meilleur ? Survivre dans la société numérique*, Desclée de Brouwer, 2015.

VERGELY Bertrand, *La Tentation de l'homme-Dieu*, Le Passeur, 2015, p. 33.

WEIL Simone, *L'Enracinement, prélude à une déclaration des devoirs envers l'être humain*, Gallimard, 1949.

WELZER-LANG Daniel, *Nous, les mecs. Essai sur le trouble actuel des hommes*, Payot, 2009.

ZUNDEL Maurice, *Notre-Dame de la Sagesse*, Éditions du Cerf, 1979.

Table

DEUXIÈME PARTIE
LE RÉVEIL FRANÇAIS : RÉVOLUTION ANTHROPOLOGIQUE

TROISIÈME PARTIE

CHOISIR L'HOMME : L'URGENCE DE L'ÉCOLOGIE HUMAINE

Pour en savoir plus
sur les Éditions Plon
(catalogue complet, auteurs, titres,
revues de presse, vidéos, actualités...),
vous pouvez consulter notre site Internet :
www.plon.fr
et nous suivre sur les réseaux sociaux :
www.facebook.com/Editions.Plon
www.twitter.com/EditionsPlon

La photocomposition de cet ouvrage
a été réalisée par
GRAPHIC HAINAUT
30, rue Pierre Mathieu
59410 Anzin

Achevé d'imprimer en mars 2017
par la Société TIRAGE - 91941 COURTABŒUF

Dépôt légal : juin 2016
P24946/06

Imprimé en France